KB110954

끊임없이 태양풍이 쏟아지고
날마다 우주방사선이 날아드는
지구 바깥

# 우주날씨
# 이야기

끊임없이 태양풍이 쏟아지고
날마다 우주방사선이 날아드는
지구 바깥

# 우주날씨
# 이야기

**황정아** 지음

**플루토**

# 들어가기

"박사님, 정말 북극항로로 가면 방사선에 피폭되나요?"

2007년 12월의 어느 날, KBS의 TV 프로그램 〈이영돈 PD의 소비자고발〉의 프로듀서가 연구소에 찾아와 내게 이런 질문을 던졌다. 당시는 국정감사 기간 동안 건설교통부(현재의 국토교통부) 대상의 대정부 질문에서 북극항로의 우주방사선 노출 위험에 대한 질의가 전년도에 이어 계속되고 있었다. 그때만 해도 우리나라에서는 우주방사선에 대한 개념조차 제대로 정해져 있지 않았다. 나도 이때 처음으로 북극항로 운항과 우주날씨(우주환경)의 연관성에 관해 공부하기 시작했다. 북극은 지구의 자기력선이 열려 있어서 태양에서 오는 물질들이 지구 대기로 곧장 들어올 수 있는 통로다. 따라서 북극에서는 지구의 자기력선과 함께 대기로 침투해 들어온 태양의 고에너지 입자들 때문에 적도나 다른 지역보다 더 많은 방사선에 피폭될 수 있다. 이렇게 높은 에너지를 가진 입자들이 바로 방사선의 정체다.

한국천문연구원에 들어온 지 얼마 지나지 않은 햇병아리 연구원이었던 나는 태양우주환경그룹에서 유일하게 대학원 시절에 지구 방사선대를 연구했다는 이유로, 말하자면 그게 그나마 방사선에 가장 가깝지 않냐는 이유로 등 떠밀려 인터뷰를 했다. 2007년에 문을 열고 본격적인 우주날씨 연구 업무를 시작한 초창기 우주환경연구센터에 합류한 나는 우주날씨 변화에 의한 피해 사례가 매우 많고, 피해 정도도 심각하다는 사실에 경악했다. 나는 그때 처음으로 우주날씨 연구의 중요성을 절실하게 깨달았다.

인터뷰한 지 두 달쯤 지난 2008년 2월 29일 〈이영돈 PD의 소비자고발〉은 '당신의 여행은 안전하십니까?'라는 제목의 방송을 내보냈다. 사람이 비행기 운항고도인 지표면으로부터 6.6~13킬로미터 높이에 있으면 우주방사선에 노출될 수도 있다는 내용을 담고 있었다. 방송 이후 문제의 심각성에 관해 여론이 형성되었고, 이듬해인 2009년에 나는 건설교통부 항공안전본부의 '북극항로 우주방사선 안전기준 및 관리정책 개발연구'라는 정부 과제를 맡아 진행했다. 나중에 자세히 설명하겠지만, 연구의 결과는 '생활주변방사선관리법'(법률 제10908호) 시행령의 초안이 되었고, 이로 인해 항공기 승무원들이 우주방사선에 피폭될 위험이 처음으로 우리나라 법률에 적시되었다.

지구 주변의 우주날씨는 태양의 활동과 그 변화의 영향을 크게 받는다. 그 변화는 대부분 지상에 있는 우리가 잘 느끼지 못할 정도지만, 때로는 큰 재난으로 다가온다. 예를 들어보자. 1859년에 태양이 폭발하면서 거대한 태양폭풍이 발생했다. 지금까지 기록된 것 중 가장 강력한 이 태양폭풍은 당시 이 여파로 발생한 태양플레어와 지자기폭풍 등을 관측하고 기록한 사람의 이름을 따서 캐링턴 사건이라고 한다. 역사상 최대 규모의 지자기폭풍으로 당시 전 세계에서 오로라가 발생했는데, 심지어 쿠바와 하와이처럼 평소 오로라를 볼 수 없는 저위도 지역에서도 오로라가 보였다. 뿐만 아니라 유럽과 북아메리카 전역의 전신 시스템이 마비되고 전신 철탑에서는 불꽃이 튀었으며, 나침반 등 자기장을 관측하는 장치들은 고장 나거나 오작동했다. 2013년 6월, 영국 런던 로이즈Lloyd's of London(영국의 보험시장)와 미국 대기환경연구소는 캐링턴 사건의 자료들을 분석해 현대에 비슷한 일이 일어날 경우 세계 경제가 입을 피해 액수를 계산했다. 그 액수는 무려 2조 6,000억 달러, 우리 돈으로 3,000조 원에 가까웠다.

태양 활동이 일으키는 피해는 그 밖에도 많다. 1940년 3월 24일에는 지자기폭풍이 발생해 미국 미네소타 주 미니애폴리스 시의 80퍼센트에 달하는 지역에서 시외전화가 불통되었다. 1989년 3월 14일에도 강력한 지자기폭풍이 캐나다 퀘벡 주 전역의 송전 시설에 영향을 미쳐 약 2만 메가와트MW의 전력이 손실됐다. 이 때문에 퀘벡 주민 600만 명이 아홉 시간이나 전력을 공급받지 못하는 초유의 사태가 발생했다. 무서운 사실은 태양폭발이 일어났다는 사실을 지상에서 인지하고 송전 시설이 마비되기까지 단 90초가 걸렸다는 점이다. 이렇게 짧은 시간에 대규모 피해가 발생하면 전혀 대처할 수 없다. 이 사건은 우주날씨가 일으키는 대규모 피해 사례로 가장 자주 인용된다.

이전의 사례들이 그나마 지상의 송전이나 통신 시설에 피해를 입히는 데서 끝났다면, 최근에는 지구 주변의 수많은 인공위성 때문에 피해 규모가 더욱 커질 가능성이 높아졌다. 1997년에는 태양폭발이 발생하여 정지궤도에서 운행 중이던 미국의 통신위성 텔스타<sup>Telstar</sup> 401 의 회로가 끊어졌다. 덕분에 이 위성의 수명은 9년이나 단축되었고, 경제적으로는 2억 달러(약 2,400억 원)의 손실이 발생했다.

오늘날 정지궤도에서 운행 중인 인공위성의 수는 예전보다 훨씬 많아졌고 앞으로도 계속 많아질 것이다. 인공위성은 학술 연구용이나 군사용은 물론이고 통신용이나 GPS 측정용 등으로도 쓰이므로 보통 사람들이 일상을 영위하는 데 반드시 필요하다. 우주날씨가 급격히 변화할 때 생기는 이러한 피해는 앞으로 더욱 심각해질 것이다. 미국 해양대기청에 따르면 1994년부터 1999년 사이에 우주날씨 변화가 일으킨 인공위성 고장과 손실로 청구된 보험료가 자그마치 5억 달러(약 6,000억 원)에 달했다고 한다. 우주날씨를 제대로 예보할 수만 있다면 어마어마한 경제적 손실도 사전에 막을 수 있다.

급격한 우주날씨 변화는 비행기 운항에도 큰 위험 요소가 된다. 2001년에 발생한 태양 양성자 방출 사건 때는 미국 디트로이트와 중국 베이징 사이를 운행하는 항공기가 북극항로의 방사선 피폭을 피하기 위해 항로를 변경해야 했다. 이 바람에 비행시간이 세 시간 이상 늘었고 그만큼 유류 소비도 늘어 약 10만 달러(약 1억 2,000만 원)의 추가 경비가 들었다. 같은 기간 미국 뉴어크와 홍콩 구간에도 비슷한 문제가 발생했다.

북극항로를 지나는 사람은 우주방사선에 많이 피폭된다. 우리나라에서는 대한항공이 2006년부터, 아시아나항공이 2009년부터 미주

노선에서 북극항로를 운항하기 시작했다. 최근 항공기 운항 중 우주방사선에 피폭되어 백혈병이 발생했다고 주장하는 항공사 승무원이 산업재해 신청을 한 사연이 언론에 소개되면서 우주날씨에 대한 일반인들의 관심이 높아지고 있다. 직업 특성상 항공사 승무원이 우주방사선에 더 자주 노출된다지만, 방사선 피폭은 북극항로를 이용하는 승객들 입장에서도 그냥 넘어갈 수 있는 사안이 아니다. 비행기 운항과 우주방사선은 인간의 건강과 생명에 직결되는 문제이므로 더욱 큰 관심을 가져야 한다.

생각해보면 그저 지구에 발 딛고 사는 우리가 굳이 우주날씨까지 알아야 하느냐는 생각이 들기도 할 것이다. 하지만 지금까지 피해 사례를 소개하며 설명했듯이 우주날씨는 우리와 따로 떨어뜨려 생각할 수 있는 문제가 아니다. 더욱이 법을 만들고 연구 과제를 지원하고 예산을 집행하려면, 또한 그에 관한 세금을 내는 국민이라면 우주날씨와 그것이 우리에게 미치는 영향을 이해해야 하지 않을까?

이 책에서 나는 우주날씨가 무엇인지, 그리고 우주날씨가 우리에게 어떤 영향을 미치는지를 소개하려고 한다. 급격한 우주날씨 변화와 최근 큰 문제가 되고 있는 미세먼지에 대한 대처는 비슷한 면이 있다. 문제의 원인을 과학적으로 제대로 파악해야 제대로 된 해결 방안을 찾을 수 있기 때문이다. 내가 인공위성 개발과 정부 위원회 참여 등 여러 가지 일을 하면서도 굳이 이 책을 세상에 내놓겠다고 결심한 이유가 바로 여기에 있다.

연구자로서 나의 목표는 세차게 흐르는 강물로 그가 던진 돌을 내가 딛고 서서 몸을 굽혀 바닥에서 또 하나의 돌을 집어서 좀 더 멀리 던지고, 그 돌이 징검다리가 되어 신의 섭리에 의해 나와 인연이 있는 누군가가 내디딜 다음 발자국에 도움이 되기를 바라는 것이다.*

호프 자런 박사가 자신의 책에서 한 이 말은 평소의 내 신념과도 완전히 일치한다. 내가 나보다 앞서서 우주날씨를 연구해온 교수님들과 선배님들의 발자취를 따라서 미약하나마 이만큼이라도 전진할 수 있었던 것처럼, 내 뒤를 따라올 후배나 제자들이 나보다 조금이라도 앞선 출발선에서 시작해 제대로 연구할 수 있기를 바란다.

연구자가 큰 재원이 필요한 과학 연구를 지속적이고 안정적으로 해내려면 정책 입안자와 정책 결정자뿐 아니라 시민들의 지지가 반드시 필요하다. 세금을 내는 시민들에게 제대로 설명하고 이해받고자 하는 노력을 게을리 해서는 안 되며, 연구자라면 누구나 당연히 그 의무를 감당해야 한다. 그런 의미에서 부끄럽지만, 이 책을 여러분 앞에 조심스럽게 내놓는다.

2019년 여름, 한국천문연구원에서

---

\* 　《랩 걸》(호프 자런 지음, 김희정 옮김, 알마, 2017), 272쪽 인용.

**차례**

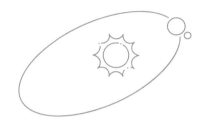

## 4장 폭발하는 태양으로부터 인공위성을 구하라!

## 5장 생명을 위협하는 우주방사선

# 우주날씨의 시작, 태양

때문이다. 그렇다면 우리는 태양에 관해 과연 얼마나 알고 있을까?

한국천문연구원 태양우주환경그룹에 내가 정식으로 합류한 시기는 2007년이다. 그해 우리 그룹은 우주환경예보센터 프로젝트를 새롭게 시작했고, 큰 예산이 투입되는 대규모의 프로젝트가 늘 그렇듯이 다양한 분야의 전문가가 필요해져서 내가 채용되었다. 우리 그룹의 원래 이름은 '태양그룹', 말 그대로 태양을 연구하는 연구자들이 모인 그룹이었다. 그러다 태양 외에 자기권, 전리층 등 다양한 영역을 연구하는 연구자들이 한 둥지 안으로 모이게 되면서 태양우주환경그룹으로 이름이 바뀌었다. 하지만 여전히 그룹에는 태양을 연구하는 연구자들이 가장 많다. 태양을 연구하다 보면 자연스레 태양의 바깥 공간인 우주환경으로 관심 영역이 넓어진다. 그래서 태양을 연구하는 사람들이 우주환경을 함께 연구하는 경우가 많다. 태양을 관측하면 태양이 지구에 미치는 영향을 목격하고 필연적으로 태양의 변화와 지구의 변화를 함께 생각할 수밖에 없기 때문이다. 태양의 크고 작은 변화가 지구에 미치는 모든 영향, 그것이 바로 우주날씨의 실체다(기상청에서는 우주기상이라는 용어를 선호하지만, 우주과학자들 사이에서는 우주날씨 혹은 우주환경이라는 용어가 일반적이다. 이 책에서는 '우주날씨'와 '우주환경'을 함께 사용할 것이다). 세상 모든 일이 그렇듯이 첫술에 배부를 수 없다. 먼저 가장 중요한 태양부터 낱낱이 파헤쳐보자.

태양의 질량은 지구의 33만 배에 이르며, 태양계의 모든 행성을 합한 질량의 750배 이상으로 태양계 전체 질량의 99.85퍼센트를 차지한다. 지름은 약 139만 킬로미터인데 지구의 약 109배이고, 부피는 지구의 130만 배나 된다. 그에 비해 밀도는 $1.41g/cm^3$로 $5.51g/cm^3$인 지구 밀도의 4분의 1 정도다. 이는 태양이 지구보다 상대적으로 가벼운

코로나
대류층
복사층
광구
중심핵
흑점

태양은 안쪽부터 핵-복사층-접합층-대류층-광구로 이루어져 있고,
태양 바깥의 대기는 채층-코로나로 이루어져 있다.(NASA)

물질로 구성되어 있다는 의미다. 태양 적도의 자전주기는 약 27일, 북위 30도에서의 자전주기는 약 28일로, 위도가 높아질수록 자전 속도가 느려지며 자전주기가 복잡해진다.

태양은 주성분인 수소 원자가 융합하여 헬륨을 만들 때 많은 빛과 에너지를 쏟아내는데, 그 에너지는 약 1억 5,000만 킬로미터 떨어진 지구에 1제곱미터$m^2$당 1초에 1,400와트$W$의 에너지를 공급할 정도다. 가정용 형광등 한 개를 밝히는 전력이 40와트 정도니 1제곱미터당 형광등 35개를 한꺼번에 켤 수 있는 에너지를 제공하고 있는 셈이다. 뿐만 아니라 태양은 지구 외에 화성, 금성, 목성, 수성, 천왕성, 해왕성, 명왕성 등 태양계의 모든 행성에 에너지를 골고루 공급하고 있다.

태양은 매우 뜨겁고 거대한 가스 덩어리다. 중심부의 온도는 약 1,500만 켈빈$K$(섭씨 1,500만 도, K은 절대온도 단위다. 1K은 -273.15°C다)으로 매우 높으며 기압은 수천억 기압으로 추정된다. 반면 표면 온도는 약 6,000켈빈으로 중심부 온도에 비하면 차갑다고 할 수 있을 정도다. 태양은 이처럼 고온이어서 고체나 액체가 아니라 기체 상태로만 존재한다.

태양의 내부는 에너지 전달 방식에 따라 핵과 복사층, 접합층, 대류층 네 부분으로 나뉜다. 에너지는 핵에서 발생하며, 핵에서 나와 대부분 감마선과 엑스선의 형태로 복사층을 통과해 바깥으로 확산된다. 그리고 가장 바깥에 있는 대류층에서 대류적 흐름을 통해 최외곽으로 이동한다. 복사층과 대류층 사이의 얇은 경계면은 태양의 자기장이 생산된다고 생각되는 접합층이다.

　태양의 중심부인 핵에서는 핵융합 반응에 의해 수소가 헬륨으로 합성되며 에너지를 낸다. 이렇게 생성된 에너지는 빛의 형태로 태양 표면을 떠난다. 각각의 수소 핵은 양(+)의 전하로 대전되어 있는데, 이 입자들 사이에서 서로 미는 전기적 척력을 넘어서는 핵융합 반응이 일어나려면 높은 온도와 밀도가 필요하다. 태양 중심부의 온도는 약 1,500만 켈빈이고 밀도는 약 $150g/cm^3$(금이나 납의 밀도의 10배)여서 수소 핵들이 마음껏 반응할 수 있다. 하지만 온도와 밀도 모두 태양의 중심에서 밖으로 갈수록 줄어들기 때문에 핵반응은 핵의 중심에서부터 표면까지 거리의 25퍼센트를 넘어서면 거의 일어나지 않는다. 이 지점에서 온도는 중심부의 절반으로 낮아지고, 밀도도 약 $20g/cm^3$로 훨씬 줄어든다.

　태양의 복사층은 핵에서 나온 에너지를 복사 형태로 대류층까지 전달하는 구간이다. 복사층은 핵 가장자리부터 대류층의 바닥인 접합부까지 뻗어 있다. 핵에서 발생한 에너지는 복사층을 통과하며 입자에서 입자로 옮겨진다. 광자(빛의 입자)답게 빛의 속도로 이동하지만, 이 광자들이 접합부에 도달하려면 복사층을 통과하며 다른 입자들과 수없이 부딪치기 때문에 오랜 시간이 걸린다. 그게 약 100만 년 정도다! 밀도는 복사층의 안쪽에서 바깥쪽으로 갈수록, 금의 밀도와 비슷했던 $20g/cm^3$에서 물의 밀도($1g/cm^3$)보다도 낮은 $0.2g/cm^3$까지 떨어진다. 온도 역시 약 700만 켈빈에서 200만 켈빈으로 낮아진다.

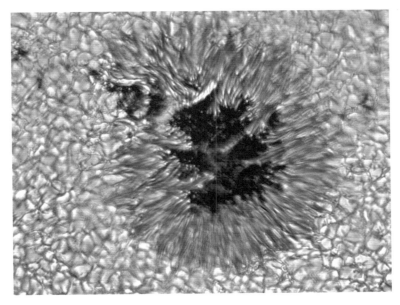

태양에서 일어나는 대류운동의 증거인 태양 표면의 쌀알무늬(NASA)

　　복사층과 대류층 사이에는 물리적 성질이 다른 두 개의 층이 만나는 접합층이 있다. 대류층에서 관측되는 활발한 유체의 흐름은 대류층과 맞닿아 있는, 접합층의 상층부에서는 거의 관측되지 않는다. 과학자들은 바로 이 접합층에서 태양의 자기장이 시작된다고 생각하고 있다.

　　태양의 대류층은 태양의 내부 구조 중 바깥에 있다. 대류층은 태양 표면의 아래쪽 약 20만 킬로미터 깊이에서부터 시작되고, 온도는 200만 켈빈 정도다. 이 층에서는 물질들이 더욱 불투명해져 복사로는 빠져나가기 어렵기 때문에 갇힌 열이 끓어올라 대류가 시작된다. 대류운동은 아래쪽에 있는 뜨거운 물질이 위로 이동하는 동시에 위쪽에 있는 물질은 식으면서 아래로 이동하는 순환 운동이다. 태양의 대류층에서도 뜨거운 유동체를 따라 열이 매우 빠르게 표면으로 이동하고, 위쪽으로 올라간 유동체는 상승함에 따라 팽창하면서 온도가 낮아진다. 그리고 곧 아래로 향한다. 그렇게 해서 태양의 최외곽인 표면의 온도는 6,000켈빈까지 낮아지며 밀도는 0.0000002g/cm³일 만큼 작아진다. 태양의 대류운동은 눈으로도 확인할 수 있다. 대류층 바로 위에 있는 광구의 쌀알무늬가 그 증거다.

## ● 태양에서는 무슨 일이 일어날까

지금까지 육안으로 확인할 수 없는 태양의 내부 구조를 이야기했으니, 이제부터 우리에게 좀 더 친숙한 태양의 겉모습을 알아보자. 태양의 표층은 표면과 대기로 구성되어 있다. 우리가 매일 보는 태양의 표면은 광구, 채층, 코로나로 이루어져 있다. 표면에서 가장 고도가 낮은 지역을 광구, 광구를 둘러싸고 있는 대기 중 상대적으로 아래쪽에 있는 하층 대기를 채층, 그 위에 있는 상층 대기를 코로나라고 한다.

태양의 광구는 우리에게 가장 친숙한 태양의 표면이다. 광구는 보통 생각하듯이 하나의 얇은 표면이 아니라 두께가 100킬로미터나 되는 두꺼운 구의 껍데기 형태를 하고 있다. 간단한 망원경(물론 눈의 안전을 위해서 좋은 필터는 필수다)으로도 흑점, 붉은 반점, 쌀알무늬 등 광구의 많은 특징들과 대규모의 흐름을 관측할 수 있다. 도플러효과를 이용하면 광구에서 물질이 흐르는 현상을 확인할 수 있다. 태양을 보면 중심부는 밝은데 가장자리로 갈수록 어두워 보인다. 주연감광limb darkening 현상 때문이다. 태양의 가장자리를 볼 때는 태양의 광구를 비스듬한 각도로 보게 되므로 온도가 낮은 태양의 상층 대기만 볼 수 있지만, 광구의 중심을 볼 때는 온도가 높은 광구의 밑바닥부터 모두 볼 수 있기 때문에 중심 부분은 밝게, 주변은 어둡게 보인다. 이를 주연감광 현상이라고 한다.

광구 위쪽으로는 태양 표면의 고도가 약 1,600킬로미터까지 뻗어 있는 대기층인 채층이 있다. 채층은 온도가 광구보다 높아 6,000켈빈에서 1만 켈빈 정도인데, 이처럼 높은 온도에서는 수소가 불그스레한 빛을 방출한다. 이러한 색깔의 빛이 방출되는 현상을 홍염이라고 한다. 달이 태양을 완전히 가리는 개기일식이 되면 태양의 가장자리 위로 치솟아 올라오는 홍염들을 볼 수 있다. 홍염은 태양 표면에서 약 1만 킬로미터 높이까지 치솟는다. 채층은 매우 활동적인 지역이라서 홍염 외에도 태양플레어의 변화들, 태양 외부를 가로지르는 어두운 긴 줄처럼 보이는 필라멘트, 플레어가 고리 모양으로 분출될 때 생긴 물질의 흐름을 단 몇 분 안에 모두 관측할 수 있다. 또한 채층은 광구와 코로나 사이에 놓여 경계선 구실도 한다.

태양의 채층과 저층 코로나는 개기일식 때만 볼 수 있는데, 태양

태양의 중심부는 밝아 보이는데 가장자리로 갈수록 어둡게 보이는 것은
주연감광 현상 때문이다.(NASA)

의 가장자리로부터 멀리까지 뻗어 있는 밝은 빛이 바로 코로나다. 태
양의 상층 대기권인 코로나는 태양의 광구 주위를 둘러싼 희박한 밀
도의 이온화(원자가 전자를 잃어 양이온이 되거나 전자를 얻어 음이온이 되는
상태)된 기체로 가장 높고 가장 넓게 퍼져 있다. 태양을 제대로 이해
하지 못한 시기에는 코로나를 달의 대기로 오해하기도 했다. 그러다
1842년 7월 8일에 일어난 개기일식에서 비로소 코로나와 홍염이 태
양 대기의 일부분이라는 사실이 밝혀졌다. 뒤이어 1932년과 1940년

개기일식 때는 코로나의 온도가 태양의 표면보다 월등히 높다는 사실도 알려졌다. 태양의 표면 온도는 6,000켈빈 정도지만, 대기층인 코로나의 온도는 100만~500만 켈빈에 이른다.

사실 이것은 정말 이상한 현상이다. 물리법칙의 근본 법칙 중 하나는 열역학법칙이다. 간단히 설명하면 열과 그 열이 하는 일에 관한 법칙이다. 특히 엔트로피 법칙이라고도 불리는 열역학 제2법칙은 자연에서 일어나는 모든 일의 시간적인 흐름의 방향성을 설명하는 법칙이다. 열역학 제2법칙에 따르면 외부에서 에너지가 들어오지 않는 고립계에서 열은 반드시 뜨거운 곳에서 차가운 곳으로 이동한다. 다른 말로, 엔트로피(혹은 무질서도)는 자연계에서 누가 건드리지 않는 상태에서는 항상 늘어나는 방향으로만 변화한다고도 표현한다. 이러한 방향성은, 외부에서 어떤 에너지나 일이 들어오지 않는 한 절대 반대 방향으로 바뀌지 않는다. 자연계에 존재하는 모든 것이 그러하듯이 태양도 당연히 열역학 제2법칙을 따를 것이므로 태양의 중심부인 핵에서 발생한 열이 순서대로 바깥 방향으로 전달된다면 태양 표면은 상대적으로 더 위에 있는 대기층인 코로나보다 뜨겁고, 코로나는 태양 표면보다 차가워야 한다. 하지만 웬일인지 실제로는 태양 표면을 떠난 대기인 코로나의 온도가 표면의 광구 온도보다 매우 높다. 정확한 이유는 아직까지도 밝혀지지 않았다. 이 문제는 현대 천문학에서 가장 해결하기 어려운 문제 중 하나로 남아 있다.

코로나는 태양의 흑점과 관계가 깊다. 태양 전면의 검은 점 혹은 먼지처럼 보이는 흑점은 주변의 광구보다 상대적으로 온도가 낮아서 어둡게 보이는 것이다. 물론 낮다고 해도 실제 온도는 4,000~4,500켈빈으로 매우 뜨겁지만, 주변 광구의 온도는 6,000켈빈이므로 주변에 비해서는 차가운 편이다. 코로나와 흑점의 관계를 보면 흑점이 최소일 때 코로나의 규모가 작고, 흑점이 최대일 때 코로나도 크고 밝으며 구조가 매우 복잡하다.

흑점은 태양을 연구하는 데 매우 중요하다. 흑점이 있는 지점에서 강력한 자기장이 발생하기 때문이다. 흑점 아래에서 발생한 자기장은 태양 표면 위로 뿜어져 나오는 강력한 자기력선을 만들고 이 자기력선을 따라 에너지를 가진 물질들이 태양 바깥으로 분출하는 현상이 태양폭발(혹은 태양 흑점 폭발)이다. 태양이 폭발하면서 주위에 미치는 영향이 우리에게 우주날씨가 되는 것이다. 태양폭발은 태양플레어와 코로나 물질방출 현상을 동반한다. 더 엄밀하게 구분하면 태양의 채층에서 나오는 강력한 전파를 플레어라고 하고, 코로나 지역의 물질이 분출하는 현상을 코로나 물질방출이라고 한다. 독자 여러분은 이 책에서 말하는 태양폭발, 태양 흑점 폭발, 태양플레어, 코로나 물질방출을 비슷한 개념이라고 생각하면 된다.

태양의 채층과 코로나에서 발생하는 태양플레어는 격렬한 폭발 현상으로 이때 분출하는 에너지는 플라스마를 수천만 켈빈까지 가열하고, 온갖 입자들을 광속에 가깝게 가속시킬 정도로 엄청나다. 태양플레어는 대개 태양의 흑점 주변에서 일어나는데, 앞서도 설명했듯이 이곳은 국소적으로 강한 자기장이 태양 표면으로부터 태양의 대기층인 코로나로 빠져나오는 곳이다. 이곳에 짧게는 수 시간, 길면 며칠 동안 에너지가 쌓이다가 강한 자기력선이 빠져나올 때, 단 몇 분 만에 격렬하게 에너지도 함께 분출된다.

태양플레어에도 등급이 있고, 각 등급을 나누는 기준이 있다. 태양플레어는 지구 정지궤도에 있는 인공위성에서 관측되는 엑스선의 강도에 따라 A, B, C, M, X 등급으로 구분한다. 최고 등급은 X, 최저 등급은 A다. 각 등급은 이전 등급에 비해 최대 플럭스$^{W/m^2}$가 10배 정도 차이가 난다. X 등급의 최대 플럭스는 $10^{-4}W/m^2$이다. 태양플레어 등급의 기준이 되는 엑스선은 정지궤도에 있는 기상위성 GOES가 측정한다.

보통 M급 이상의 태양플레어가 발생하면 우주날씨가 크게 변화하고 지구에 큰 피해가 예상된다. 현재까지 기록된 태양플레어 중 가장 강한 플레어는 2003년 할로윈 폭풍 때 발생했다. 2003년 10월 19일에 시작해서 11월 7일까지 지속된 할로윈 폭풍은 11월 4일, 역사상 가장 강력한 엑스선 방출을 기록했다. 당시 태양플레어는 X28$(2.8mW/m^2)$ 등급이었다. 하지만 이 수치는 GOES 위성에 실린 엑스선 검출 탑재체가 측정할 수 있는 최대치였을 뿐이다. 과학자들은 주변의 우주환경 변화를 근거로 실제로는 X40$(4.0mW/m^2)$과 X45$(4.5 mW/m^2)$ 사이였을 것으로 추정한다.

일식이란 달이 지구와 태양 사이를 지나면서 태양을 가리는 현상이다. 달이 태양의 부분만 가리면 부분일식, 태양 전체를 완전히 가리면 개기일식이다. 개기일식은 지상에서 태양의 대기층을 관측할 수 있는 유일한 기회다. 달이 태양을 완전히 가리면 평소 태양의 밝은 광구 때문에 관측이 불가능한 태양의 저층 코로나를 선명하게 볼 수 있기 때문이다. 일식은 지구에 영향을 주는 우주날씨 연구에 중요한 단서를 제공할 수 있다.

다양한 이유 때문에 개기일식 현상은 천문학을 연구하는 학자들에게 절호의 기회다. 알베르트 아인슈타인은 일반상대성 이론에서 무거운 질량을 가진 천체는 주변 공간을 왜곡하므로 멀리서 별빛을 보면 그 빛이 꺾여 보인다는 이론을 제시했다. 강한 중력 때문에 휘어진 공간을 따라 직진하는 빛이 외부에서는 휘어 보이는 것이다. 이는 고속도로를 따라 똑바로 진행하는 자동차라 할지라도 도로가 휘어 있으면 차가 회전하면서 진행하는 것처럼 보이는 것과 같은 원리다. 강한 중력이 공간을 휘게 한다는 이론을 관측으로 증명하기는 쉽지 않다. 지구상에 이처럼 중력이 강한 물체가 없기 때문이다. 하지만 아인슈타인은 태양 정도의 무게라면 관측이 가능할 정도로 공간을 휘게 할 수 있다는 계산값을 제시했다. 그리고 1919년 5월 29일 영국의 천문학자 아서 스탠리 에딩턴 경이 이끈 개기일식 관측단이 아프리카 프린시페에서 관측한 별의 위치를 분석해, 중력이 공간을 휘게 한다는 아인슈타인의 이론을 증명했다. 관측단은 개기일식 때 촬영한 사진을 분석해 태양 가까이에서 보이는 별의 위치가 예측한 위치와 약간 다르다는 것을 발견했다. 공간이 휜 만큼 차이가 발생한 것이다. 이 역사적인 증명은 개기일식 때에만 가능했다.

현재 태양의 대기를 관측하는 방법은 지상에서 망원경을 사용하여 개기일식을 관측하는 방법과 우주의 인공위성에서 코로나그래프를 이용하는 관측 방법만 가능하다. 코로나그래프는 태양의 코로나를 우주에서 직접 관측하기 위해 인공위성에 탑재하는 장비다. 이런 장치를 탑재체라고 한다. 인공위성은 전력, 통신 등 기본적인 생존에 관련된 본체 부분과 과학 임무용으로 설계된 탑재체로 구성된다.

코로나는 왜 태양의 대기가 표면에 비해 그렇게 뜨거운지, 태양의 물질과 복사선의 끊임없는 흐름에 관여하는 물리적 과정이 무엇인지를 이해하는 데 중요한 열쇠가 된다. 그렇기 때문에 과학자들은 인공위성에 장치를 달아 코로나를 관측하려고 하는 것이다.

코로나그래프는 태양 관측 망원경에 태양 광구면을 차폐하는 차폐기를 붙여 인공적으로 개기일식 현상을 만든다. 코로나그래프를 사용하면 항상 태양 대기를 관측할 수 있다는 것이 장점이지만 단점도 있다. 밝은 광구면을 가리려면 관측하는 태양 지름의 두 배 이상의 면적을 가려야 하기 때문에 태양 표면에서 가까운 낮은 고도의 코로나는 관측할 수 없다. 또한 태양 광구로부터 나오는 강한 빛을 완전히 차단

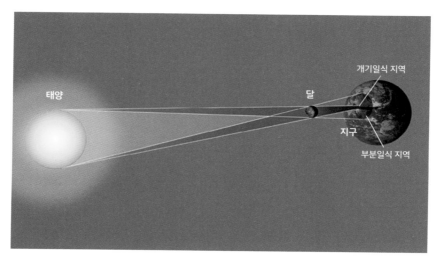

태양

달

개기일식 지역

지구

부분일식 지역

일식 때는 태양과 지구 사이에 달이 위치해 지표면에서는 태양이 달에 가려진다.
개기일식 지역에서는 태양이 완전히 사라지고, 부분일식 지역에서는 태양의 일부가 사라진다.

하지 못하여 산란광에 의한 오차가 상당히 심하다. 반면 개기일식 중
에는 달이 태양을 가리는 자연 차폐기 역할을 하므로 필터 및 편광 시
스템 등의 단순한 광학장치만으로도 태양 활동을 관측할 수 있다.

개기일식은 현재 태양의 대기를 가장 정확하게 관측할 수 있는 유
일한 기회다. 이때에만 태양 표면 가까이에 있는 채층과 코로나를 연
구할 수 있기 때문에 많은 천문학자가 개기일식을 찾아 전 세계를 누
비고 다닌다. 태양을 연구하는 천문학자뿐이 아니다. 개기일식은 우주
에서 일어나는 천문학적 사건을 몸소 체험할 수 있는 흔하지 않은 기
회여서 개기일식을 따라 장거리 여행을 준비하는 사람들이 전 세계적

으로 크게 늘고 있다.

개기일식은 우주날씨 연구에 매우 귀중한 유일무이한 자료를 제공한다. 개기일식 동안 지구는 우주날씨의 근원인 태양을 제거한 거대한 자연실험의 실험군(과학실험에서 가설을 검증하기 위해 조건을 변형시켜 실험하는 집단)이 되고, 평상시의 지구는 태양 제거 실험의 대조군(실험군과 비교하기 위해 조건을 변화시키지 않고 그대로 두는 집단)이 된다. 평소에는 태양빛이 지구 전체를 비추지만, 개기일식 때에는 태양빛 대신 달의 그림자가 드리워진다. 상대적으로 좁은 이 영역에서는 지구와 지구 대기가 받는 빛이 변화한다. 이런 부분적인 태양에너지 차단은 지구 대기에 영향을 미치는 태양의 효과를 평가하는 데 유용하다. 특히 태양빛은 전리층ionosphere을 이루는 하전입자(혹은 대전입자) 생성에 주된 역할을 하므로 개기일식 때는 태양이 지구의 고층 대기에 미치는 영향을 연구할 수 있다. 나중에 자세히 설명하겠지만 전리층은 지표로부터 약 60킬로미터에서 1,000킬로미터까지의 영역으로, 대기를 이루는 중성 분자들 대부분이 태양 복사선에 의해 이온화되어 전하를 띠고 있으므로 전리층이라고 부른다. 전하를 띤 입자는 전류를 만들고, 시간에 따라 변화하는 전류는 자기장을 만들기 때문에 지구의 전리층은 우주날씨의 영향을 크게 받는다.

현대에 와서 개기일식의 과학적 중요성은 더욱 높아지고 있다. 태양의 대기인 코로나에서 방출되는 고에너지 입자(혹은 우주방사선)들은 지구인에게 직접적인 영향을 미친다. 특히 현대 사회는 인공위성의 역할과 기능에 일상적인 삶을 크게 의존하기 때문에 개기일식을 통해 태양의 활동을 관찰하고 연구하는 일이 더욱 중요해졌다. 연구자뿐 아니라 첨단기기에 의존해 살고 있는 현대인이라면 그저 평온하게만 보이는 태양의 활동이 사실 우리 삶에 얼마나 큰 영향을 미치는지 알아야 한다. 이것이 내가 이 책을 쓰기로 마음먹은 가장 큰 동기이기도 하다.

2017년 8월 21일 미국 대륙을 서쪽에서 동쪽으로 가로지르는 거대한 개기일식이 일어났다. 나사NASA에서 그레이트 아메리칸 이클립스Great American Eclipse라고 이름 붙인 이 일식은 미국 대륙 전역에서 관측할 수 있는 개기일식으로는 1918년 이후 99년 만에 처음이라서 트럼프 대통령 내외까지 일식 관측 전용 안경을 끼고 백악관 앞마당에서 관측하는 장면이 언론에 대서특필될 정도였다. 나사는 당시 총 11대의 우주선과 3대의 비행기, 50개 이상의 풍선 관측기를 띄웠고, 지구뿐 아니라 국제우주정거장과 달 궤도에서도 개기일식을 동시에 관측하는 거대한 프로젝트를 진행했다. 미국 내에서만 68개 연구팀이 다양한 연구를 진행했고, 수만 명의 일반인이 관측 임무에 직접 참여하여 시민과학Citizen Science 프로젝트도 동시에 추진했다. 이러한 과학 대중화 활동은 대중이 과학을 좀 더 재미있고 친숙하게 느낄 수 있게 하고, 정부기관에서 과학기술 정책들을 입안할 때 대중이 보다 적극적으로 참여할 동기를 부여할 수 있다.

태양은 파장이 길고 에너지가 상대적으로 약한 마이크로파부터 파장이 짧고 에너지가 큰 감마선에 이르기까지 다양한 전자기파를 방출한다. 태양을 촬영하는 카메라에 특정 파장만 검출할 수 있는 필터를 끼우면 다양한 파장 대역에서 나타나는 특색 있는 태양 사진을 얻을 수 있다. 태양 관측을 위한 전용 위성인 나사의 SDO<sup>Solar Dynamic</sup> <sup>Observatory</sup>는 다양한 파장 대역에서 태양 표면을 관측한다. 태양의 색깔은 붉은색이나 노란색이라고 생각하기 쉽지만, 망원경으로 태양의 가시광선 영역을 한꺼번에 관측하면 백색을 띤다. 학교에서 배웠듯이 빛의 삼원색을 더하면 백색이 되는 것과 같은 원리다. 프리즘을 통과해

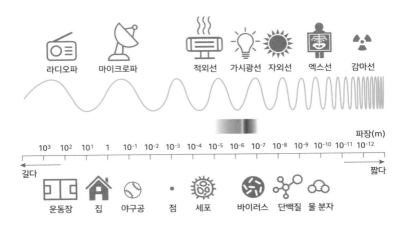

태양빛에는 이 모든 전자기파가 섞여 있다.

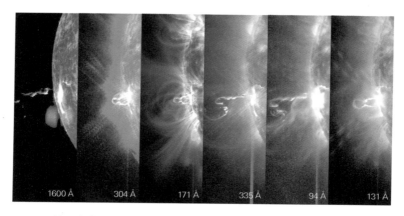

2014년 2월 24일에 발생한 태양플레어를 SDO 위성이 다양한 파장대로 관측했다.
파장에 따라서 각자 다른 현상들을 볼 수 있다. 옹스트롬은Å 10⁻¹⁰미터다.(NASA)

나온 햇빛이 무지개처럼 다양한 색들로 갈라져 보이는 신기한 모습을
어린 시절 한번쯤은 경험했을 것이다. 태양에서 나오는 빛에는 파장이
다양한 전자기파가 섞여 있다. 이는 다양한 원자와 분자들이 내는 고
유의 파장이 섞여 있다는 의미이므로 이 파장들을 분석하면 태양 내
부에서 어떤 물질들이 어떻게 반응하고 있는지 알아내는 데 유용하다.
이를 위해 SDO 위성이 태양 표면을 다양한 파장으로 관측하고 있다.

　　태양의 활동을 관측하는 대표적인 지상 관측기는 태양플레어를
관측하는 망원경이다. 국내에서는 1991년 한국천문연구원에서 해발
고도 1,124미터의 보현산천문대에 국내 최초로 태양플레어 망원경을
설치했다. 보현산의 태양플레어 망원경은 현재까지도 우리나라에서
유일하게 지상에서 태양플레어를 관측할 수 있는 망원경이다. 이 망원

보현산천문대에는 태양플레어 망원경이 설치되어 있다.(한국천문연구원)

경은 태양 표면의 자기장, 채층, 광구의 변화 등을 다양한 파장으로 관측하고 있다.

한국천문연구원은 태양의 흑점을 관측하는 흑점망원경과 분광망원경도 운영하고 있다. 1979년 한국천문연구원은 일일 흑점 수를 관측하기 위해 구경 20센티미터, 초점거리 3미터의 굴절망원경을 설치했다. 이 망원경은 접안부에 투영판을 부착하여 투영된 태양의 어두운 부분을 관측자가 손으로 스케치하는 전통적인 방법으로 관측한다. 수작업이 필요한 망원경이지만, 지름 약 15센티미터의 투영된 상은 암부와 반암부를 충분히 구분할 정도로 분해능이 좋다. 우리는 이 흑점망원경으로 태양의 전면 활동을 관측하고 흑점의 수를 식별할 수 있다. 태양흑점망원경에는 작은 굴절망원경이 설치되어 있고, 이 망원경을 이용하여 사진 관측도 할 수 있다.* 촬영에 이용하는 카메라는 니콘 D-100으로, 시상에 따라 노출시간을 1/200~1/2,000초 정도로 조절한다.

　역사 기록에 따르면 우리나라는 삼국시대, 고려시대, 조선시대에도 흑점과 오로라를 관측했다. 갈릴레오 갈릴레이가 망원경으로 태양의 흑점을 관측하기 시작한 시기는 17세기였다. 우리나라에는 고려시대부터 흑점을 관측한 기록이 있으니 12세기부터 흑점을 기록한 것이다. 서양의 갈릴레이보다 500년이나 앞선 기록이다. 기록에 따르면 우리 선조들은 자수정을 눈앞에 대고 태양의 흑점을 관측했다고 한다. 태양빛이 눈을 상하게 하기 때문이다. 맨눈으로 태양을 관측하면 강력한 태양에너지에 의해서 실명할 수도 있다. 유럽인 최초로 흑점을 관측한 갈릴레이는 말년에 시력을 완전히 잃었다. 태양빛을 맨눈으로 보지 않으려고 자수정을 사용한 우리 선조들의 지혜는 지금 생각해도 경이롭다. 현재도 태양을 관측할 때는 광량을 줄이기 위해 특수 필터를 렌즈에 대거나 투영판에 비친 태양을 간접적으로 관측하는 방법을 사용한다.

---

* 　굴절망원경은 빛이 렌즈를 통과할 때 굴절되는 특성을 이용해 빛을 모은다. 망원경의 몸체인 경통이 밀폐되어 있어 공기 때문에 상이 흔들리는 현상이 없고 안정적이다. 하지만 상이 번지는 색수차가 생기는 단점이 있다. 반면 거울의 반사 성질을 이용해 빛을 모으는 반사망원경은 색수차 현상이 없다. 반사망원경은 제작 비용이 저렴해서 현재 대부분의 대형 망원경이 반사망원경이다.

한국천문연구원에 설치된 태양흑점망원경(한국천문연구원)

태양분광망원경은 9미터의 반사망원경으로, 접안부에 다른 렌즈를 부착하지 않고 얇은 슬릿과 격자 모양의 거울을 설치하여 태양빛을 여러 파장에서 관측한다.* 태양 상의 일부분만 통과시키는 슬릿과, 프리즘과 비슷한 역할을 하는 격자거울을 통해 태양 일부분을 분광 관측할 수 있다. 또한 태양 전파 폭발의 위치를 관측할 수 있는 관측기인 태양전파폭발위치관측기는 한국천문연구원이 미국 뉴저지공과대학교와 협력하여 개발하고 2009년 8월에 설치했다. 태양의 강한 전파

---

\* 　　분광spectrum이란 말 그대로 빛이 파장에 따라 나뉜다는 의미다. 파장이 다르다는 건, 곧 진동수가 다른 것이고 에너지가 다르다는 뜻이다. 또 빛이 진동수 혹은 에너지에 따라 나뉜다는 뜻도 된다. 태양에서 발생하는 태양광은 주로 수소로 이루어져 있고, 지구 대기를 통과하면서 일부 흡수되어 파장 영역대를 빼앗긴다. 따라서 스펙트럼을 관찰하면 이 파장 영역대가 도달하지 않아 검은색으로 나타난다.

폭발은 휴대전화, GPS, 레이더 등 각종 첨단 전파 시스템들을 교란할 수 있기 때문에 지속적인 감시가 필요하다.

마지막으로 소개할 망원경은 태양에서 오는 저주파 전파를 관측하는 관측기다. 태양저주파전파관측기는 유엔에서 주관하는 2007년 국제태양물리의 해 사업의 일환으로 한국천문연구원과 스위스의 취리히연방공과대학교가 공동으로 구축했다. 이 관측기는 45메가 헤르츠에서 870메가 헤르츠의 매우 넓은 대역의 태양 전파를 24시간 관측하는 국제 관측 네트워크 중 하나다. 이렇게 얻은 국제 관측망의 태양 전파 자료는 우주날씨 예보에 활용된다.

지금까지 소개한 태양플레어망원경, 태양흑점망원경, 태양분광망원경, 태양전파폭발위치관측기와 태양저주파전파관측기 등 지상에서 태양을 관측하는 광학망원경과 전파망원경들의 모든 정보가 우주날씨 예보에 활용된다. 지구 상공에 떠 있는 인공위성에서 측정하는 태양 관측 자료도 중요하지만, 이렇게 지상에서 관측하는 자료도 상호보완적으로 사용할 수 있다. 과학자들은 지금 이 순간에도 우주와 지상에서 관측한 자료들을 종합적으로 분석하여 매일 우주날씨를 예보하고 연구하고 있다.

태양은 겉으로는 평온하고 안정되어 보이지만, 실제로는 단 한순 간도 조용한 상태로 있지 않는다. 태양의 표면은 지금 이 순간에도 쉴 새 없이 폭발하고 있고, 그 폭발은 지구에 사는 사람들에게 끊임없이 큰 영향을 미친다. 인류는 오랫동안 태양이 어떻게 활동하는지, 왜 변 화하는지, 그 변화들이 지구에 있는 우리에게 어떠한 영향을 미치는지 이해하기 위해 노력해왔다.

태양의 표면을 망원경으로 관측하면 검은 점, 먼지 같은 것이 보 이는데, 이것이 흑점이다. 서양에서는 갈릴레이가 망원경으로 처음 흑 점을 관측했다고 알려져 있다(앞서도 언급했지만 우리나라의 기록은 이보다 500년이나 앞서 있다). 거대한 흑점은 가끔 맨눈으로도 볼 수 있지만 눈 에 매우 위험하므로 절대 준비 없이 시도해서는 안 된다. 망원경으로 태양을 관측할 때는 더더욱 주의해야 한다. 망원경은 빛을 모으는 역 할을 하기 때문에 빛의 세기를 줄여주는 장비(태양 필터) 없이 태양을 보면 매우 위험하다.

흑점은 앞서 설명한 태양의 광구에 존재하며 주변보다 온도가 낮고 자기 활동은 강하다. 주변보다 온도가 낮은 이유는 대류활동 이 없어 열이 충분히 전달되지 않기 때문이며, 온도가 낮아서 주변 보다 상대적으로 어둡게 보이고 멀리서 보면 검게 보인다. 그렇지만 온도와 밝기가 주변보다 상대적으로 낮고 어두워 보일 뿐 실제로는

4,000~5,000켈빈이라는 고온에다 매우 밝은 빛을 발산한다. 태양 흑점의 수명은 대부분 한 달 이상을 넘기지 못할 정도로 짧다.

갈릴레이 이후 과학자들은 흑점 수가 일정하지 않고 주기적으로 변화한다는 사실을 밝혀냈다. 현재 태양의 흑점 수는 흑점 각각의 수와 태양 흑점군의 수를 세서 계산한다. 학자들은 두 가지 공식 기록인 벨기에의 국제 태양 흑점 수International Sunspot Number와 미국 해양대기청의 태양 흑점 수NOAA Sunspot Number를 분석해 월 평균 태양의 흑점 수가 11년을 주기로 증가와 감소를 반복한다는 사실을 알아냈다. 또한 흑점은 개수뿐 아니라 나타나는 평균 위도도 주기적으로 변한다. 시간에 따라 변화하는 흑점의 위치를 흑점이 태양 표면을 덮은 비율과 함께 그래프로 그리면 그 모양이 나비 같다고 해서 '나비도표'라고 부른다. 도표에서 나비 모양을 일정하게 유지하는 모습도 신기하지만 그 크기가 줄었다 커졌다 하는 모습을 보면 흑점의 수와 위치가 지구에 사는 우리와 분명 어떤 관계가 있으리라는 심증을 갖게 된다.

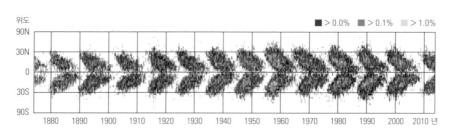

태양의 적도를 중심으로 대칭으로 나타나는 태양 흑점의 면적을 연 단위로 나타낸 나비도표다.(한국천문연구원)

태양 표면에 자기력선이 복잡하게 얽혀 있다. 자기력선이 표면의 두 지점에 닿아 있으면
닫힌 자기력선, 한 지점에만 닿아 있으면 열린 자기력선이라고 표현한다.
열린 자기력선으로 태양 표면의 에너지가 방출된다.(NASA)

흑점의 변화를 자세히 살펴보면 나타났다 사라지기를 반복하며 점점 더 낮은 위도로 옮겨가는 경향이 있다. 그래서 적도 부근까지 내려가다가 마지막 흑점이 사라지면 새로운 흑점이 위도 ±40도에서 생겨난다. 이렇게 주기적으로 변화하는 모양이 나비를 닮은 형태로 나타난다.

그렇다면 흑점은 도대체 어떻게 생겨날까? 몇 가지 가설이 있지만 아직까지는 정확히 밝혀지지 않았다. 현재까지 발표된 연구 결과에 따르면 흑점은 태양 자기장 때문에 발생하는 듯하다. 태양의 자기장은 태양의 복사층과 대류층 사이에 있는 얇은 경계 영역인 접합층에서 발생한다고 알려져 있다. 태양이 자전함에 따라 그 내부에는 수십억 암페어의 전류가 발생하고 수많은 엑스선, 감마선, 고에너지 하전입자가 발생한다. 시간에 따라 변화하는 전류는 자기장을 만든다. 마찬가지로 자기장의 변화는 전류를 만든다. 이를 전자기유도현상이라고 하는데, 강한 전류를 발생시키는 태양은 이 때문에 강력한 자기장을 만들고 태양 표면에 복잡한 자기력선이 생긴다. 이렇게 태양 내부에서 시작된 강력한 자기장이 태양 표면에서 대기층으로 빠져나오는 곳에서 흑점이 생긴다.

그렇다면 태양 표면에 발생한 흑점과 우리 지구는 어떤 관계가 있을까? 태양의 활동이 가장 약한 시기를 태양 극소기라고 하는데, 이때 태양의 흑점 개수도 가장 적어진다. 15세기 중반부터 19세기 중반까지 이어진, 작은 빙하기라 불리는 '소빙기' 시기 가운데 17세기 말에는 실제로 태양 흑점이 거의 나타나지 않았다. 당시의 기후에 관한 묘사는 미술작품에도 남아 있다. 여름에도 기온이 섭씨 7도를 넘지 못했던 유럽의 풍경을 네덜란드 화가 피터르 브뤼헐(1525~1569)이 풍경화에 담은 것이다.

반면 태양의 활동이 활발한 때를 태양 극대기라고 하는데 이때는 태양의 흑점 개수가 최대에 가까워진다. 이 기간에는 태양플레어와 코로나 물질방출 현상이 자주 일어난다. 태양 표면에서 태양 흑점

16세기 네덜란드 화가 피터르 브뤼헐의 〈눈밭의 사냥꾼〉(1565년)

폭발이 발생하면 플라스마가 수천만 켈빈까지 가열되고 전자, 양성자, 무거운 이온 등이 광속에 가깝게 가속되며 모든 파장의 전자기파가 쏟아져 나온다. 이렇게 분출하는 태양플레어는, 밀집된 자기력선이 태양 표면에서 코로나로 빠져나오는 곳인 흑점 주변에서 나타난다. 그래서 흑점과 우주날씨가 밀접한 관련이 있다고 여겨진다.

태양 극대기에 자주 발생하는 현상 중 하나는 태양 대기의 바깥쪽에서 코로나를 구성하는 물질이 태양 밖으로 대량 분출되는 코로나 물질방출Coronal Mass Ejection, CME이다. 보통 태양플레어 현상과 함께 나타나는데, 이때 방출되는 고에너지 하전입자가 지구에 도달하면 지구에 다

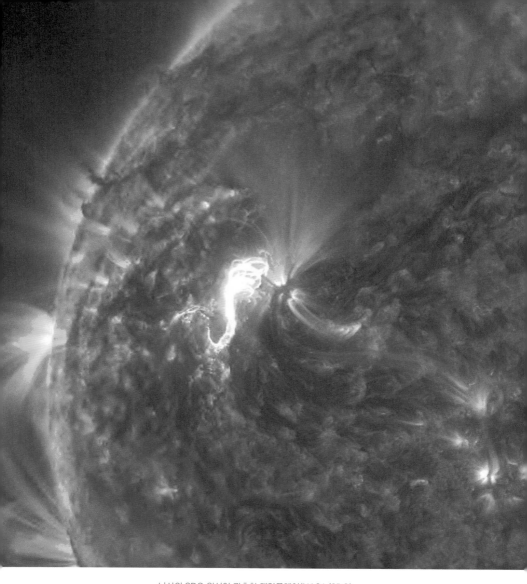

나사의 SDO 위성이 관측한 태양플레어(NASA/SDO)

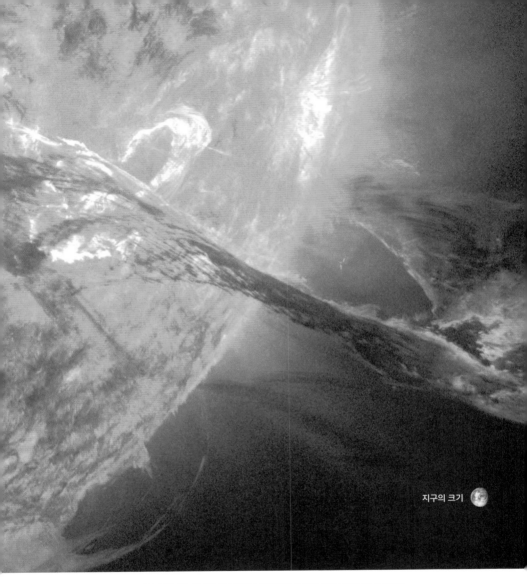

지구의 크기

태양의 활동이 활발해지면 코로나 물질방출 현상이 자주 일어난다.(NASA)

양한 현상이 발생한다. 대표적인 것이 델린저 현상과 지자기폭풍, 오로라 등이다. 지구 상공에 있는 전리층은 무선통신에 매우 중요한 역할을 한다. 그런데 태양 표면의 흑점이 폭발하면 강한 전자기파가 생성되고 이 전자기파의 영향으로 지구의 전리층 가운데 D층이 일시적으로 두꺼워져 통신 전파를 흡수해버린다. 이 현상은 지상의 무선통신을 두절시키는데, 1935년 미국의 존 하워드 델린저John Howard Dellinger가 무선통신 중에 발생한 전파의 비정상적인 감쇠 현상이 태양과 관련 있음을 발견하여 델린저 현상이라고 명명되었다. 이 현상들은 때로 지구에 재난에 가까운 피해를 입히므로 항상 주의해야 한다.

태양의 코로나는 개기일식 덕분에 오래전부터 관측되었지만, 코로나 물질방출은 본격적인 우주시대가 열릴 때까지 알려지지 않았다. 코로나는 개기일식 동안 기껏해야 몇 분(2017년 개기일식의 경우에는 2분 20초)동안만 볼 수 있다. 이 짧은 시간 동안 코로나가 어떻게 변화하는지 알아채기는 너무나도 어렵다. 이 때문에 개발된, 인공적으로 개기일식을 일으켜 코로나를 관측하는 장치가 앞서 설명한 코로나그래프다. 코로나 물질의 방출은 태양 극소기 때에는 일주일에 한 건 정도 관측되지만, 태양 극대기 때는 일주일에 두세 건 정도가 관측된다.

태양의 흑점은 11년 주기로 늘어났다가 줄어든다고 했다. 그렇다면 지금은 어느 주기에 해당할까? 이 책을 쓰고 있는 2019년은 태양 활동 24주기의 극소기에 해당한다.

사실 흑점들 자체가 태양의 빛과 열 방출에 큰 영향을 미치지는 않는다. 하지만 흑점을 동반한 강력한 자기장은 방출되면 여러 면에서 지구에 좋지 않은 영향을 미친다. 지금도 과학자들은 많은 자료들을 토대로 태양의 활동과 지구의 기후 사이에 어떤 관련이 있는지를 활발하게 연구하고 있다.

## 태양에서 불어나오는 바람

우주날씨를 설명할 때 내가 가장 강조하고 싶은 것은 바로 태양풍이다. 태양이 지구에 미치는 영향을 사람들에게 설명하면 대부분은 수긍하며 금방 고개를 끄덕인다. 그런데 태양풍에 대해 설명할라치면 대부분 고개를 갸우뚱한다. 생소하기 때문이다. 지금까지 설명한 태양폭발과 코로나 물질방출 등의 현상은 태양 표면 근처에서 즉각적으로 일어난다. 반면에 태양 표면에서 떨어져 나와 태양과 지구 사이의 공간으로 흘러나오는 물질의 흐름을 태양풍이라고 한다.

태양과 지구 사이의 우주공간은 태양풍이라는 물질로 완전히 채워져 있다. 태양풍은 지금 이 순간에도 태양으로부터 끊임없이 흘러나오고 있다. 항상 존재하는 태양풍이 어떤 이유 때문에 매우 빠른 속도로 지구에 도착하면 지구의 우주날씨에 큰 영향을 미친다. 따라서 우주날씨를 제대로 알려면 먼저 태양풍에 관해 알아봐야 한다. 태양풍을 이루는 물질이 바로 '플라스마' 상태의 전하를 띤 입자들이다. 따라서 우주날씨를 설명하려면 가장 먼저 플라스마의 물리적인 특성을 설명해야 한다.

플라스마를 간단히 정의하면 물질의 네 번째 상태라고 할 수 있다. 기본적으로 물질은 고체, 액체, 기체 세 가지 상태로 존재한다. 기체 상태의 물질에 열과 에너지를 가하면 전기적으로 중성인 원자에서 전자가 분리된다. 이를 이온화가 일어났다고 하는데, 이때의 물질 상태가 바로 플라스마 상태다. 전자가 원자 주위를 자유로이 날아다니는 상태라고 이해하면 쉬운데, 세상에서 가장 까다롭기로 정평이 난 물리학자 집단에서는 물론 이보다 훨씬 엄밀한 특성으로 플라스마를 규정한다.

플라스마를 규정하는 첫 번째 특성은 준중성 상태quasi-neutrality다. 플라스마는 양전하와 음전하를 가지고 있으므로 주변의 전자기력에 끌리는 전기적 특성이 있으나 전체적으로 보면 중성의 특성도 가지고 있다. 내부에서는 양전하와 음전하가 분리되어 있어서 전기가 흐르지만, 플라스마 덩어리로부터 일정 거리 이상 떨어진 지점에서는 이 플라스마 덩어리를 전기적 중성인 것처럼 취급할 수 있다는 얘기다.

플라스마의 두 번째 특성은 집단행동collective behavior이다. 전기력에 의해 준중성 상태를 유지하는 플라스마는 전체가 한덩어리인 것처럼 행동한다. 우리가 어떤 사람을 설명할 때 키, 몸무게, 나이 등의 특징으로 설명하는 것처럼 플라스마에도 그 플라스마를 규정하는 특성들이 있다. 플라스마의 집단적인 온도, 밀도, 압력 등이 그것들이다. 태양 근처의 플라스마와 태양과 지구 사이에서 태양풍을 이루고 있는 플라스마, 지구 근처의 플라스마는 이러한 특성들이 매우 달라서 물리적으로 완전히 다르게 행동한다.

플라스마는 태양으로부터 지구는 물론이고 태양계의 모든 행성들을 향해 쉴 새 없이 뿜어져 나온다. 지구에도 매초 약 100만 톤이나 되는 엄청난 양이 날아온다. 게다가 각각이 엄청난 고에너지를 가진 입자들이다. 태양풍의 속도는 초속 200~900킬로미터이며, 평균 속도는 초속 450킬로미터다. 보통 총알의 속도가 초속 900미터인 것을 감안하면, 태양풍 입자들의 속도는 총알보다 대략 1,000배나 빠르다. 이렇게 엄청나게 빠른 플라스마의 흐름은 자체적으로 거대한 에너지를 갖고 있는데, 더 중요한 사실은 이것이 전하를 띤 입자의 흐름이라는 사실이다. 전하의 흐름은 필연적으로 전류를 만들고, 이 전류가 형성하는 거대한 자기장이 지구를 실시간으로 덮치고 있다는 사실을 알고 나면 지구의 생명들이 어떻게 살아남았는지 신기할 지경이다.

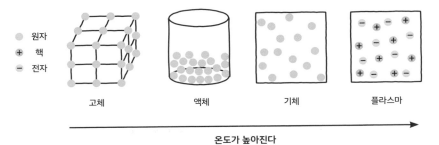

물질의 네 가지 상태인 고체, 액체, 기체, 플라스마를 구분하는 기준은 열(또는 에너지)이다.

태양풍은 속도에 따라 빠른 태양풍과 느린 태양풍으로 나뉜다. 빠른 태양풍은 초속 600킬로미터 이상이며 코로나 구멍hole과 연관이 깊다. 코로나 구멍은 코로나 중에서 평균보다 어둡고 온도가 낮으며 밀도도 더 낮은 플라스마를 지니는 영역이다. 코로나 구멍은 태양 표면의 열린 자기력선(한 쪽만 태양 표면에 닿아 있는 자기력선)과 연결되어 있다. 태양의 극소기 동안 코로나 구멍은 주로 태양의 극 지역에서 관측되지만, 태양 극대기에는 태양 표면 어느 곳에서나 관측할 수 있다. 빠른 태

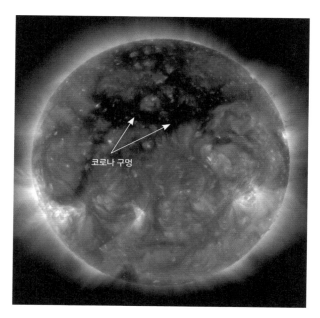

태양 관측 위성인 SDO로 관측한 코로나 구멍.
사진에서 검게 나타나는 영역이 코로나 구멍이다.(NASA/SDO)

양풍은 코로나 구멍을 통과하는 열린 자기력선을 따라 태양 바깥으로 분출되고, 빠른 태양풍에 비해 속도가 절반 정도인 느린 태양풍은 코로나의 닫힌 자기력선(양 끝 모두가 태양 표면에 닿아 있는 자기력선)에 얽혀 흘러 다니는 물질들로부터 생성되어 태양 바깥으로 흘러나온다.

태양풍이 존재한다는 사실은 혜성의 꼬리를 관측하고 나서 처음으로 알려졌다. 혜성에는 먼지꼬리와 이온꼬리(또는 가스꼬리)라는 두 개의 꼬리가 있다. 한 방향으로 날아가는 물체에 방향이 다른 꼬리가

1997년 촬영한 헤일-밥 혜성의 두 꼬리 사진.
푸른색 꼬리가 이온 꼬리이며 태양풍의 증거다.(NASA)

두 개 있다니 이상한 일이었다. 과학자들이 관측 결과를 분석해보니 혜성의 꼬리 하나는 먼지꼬리, 또 하나는 이온화된 분자들의 이온꼬리였다. 1997년에 촬영한 헤일-밥 혜성의 경우 하얀 꼬리는 먼지꼬리이고, 푸른색 꼬리는 이온꼬리였다. 태양풍 때문에 이온화한 입자들이 초속 50킬로미터로 태양 반대쪽으로 밀려 나가면서 이온꼬리가 만들어졌다. 혜성의 진행 방향과는 다르게 나선형으로 휘어져 나가는 푸른색의 이온꼬리가 태양풍이 실제로 존재한다는 증거가 되어주었다.

지구의 남극과 북극 지역에서 관측되는 오로라도 태양풍의 영향으로 생긴다. 태양풍에 포함된 이온들이 지구의 자기장과 처음 만날 때 대부분은 지구 자기권 바깥으로 다시 빠져나가지만, 그중 일부는 지구 자기장에 갇힌다. 지구 자기권으로 침투해 들어온 이 태양풍 이온들 중 일부가 지구 자기장이 열려 있는 공간인 남극과 북극 근처의 상층 대기와 만나 오로라를 만든다. 오로라는 우주날씨를 지구에서 맨눈으로 확인할 수 있는 매우 중요한 현상인데, 현재까지 알려진 것이 별로 없어서 앞으로 활발한 연구가 필요하다. 뒤에서 오로라에 관해 자세히 설명할 예정이다. 태양풍과 비슷한 현상은 태양이 아닌 다른 항성에서도 나타나며 이를 '항성풍'이라고 한다.

태양폭발이 일어나면 자외선, 가시광선, 적외선, 전파 등의 전자파와 자기장, 입자 등이 평소보다 매우 많이 발생한다. 다행히 이 중 대부분은 지구의 자기권과 대기권을 통과하는 과정에서 소멸한다. 자외선은 상부 대기나 오존층에 흡수되고, 자기장과 입자는 먼저 자기권에 붙잡힌 뒤 상부 대기를 구성하는 입자와 충돌하여 에너지를 잃으며 사라진다. 유일하게 지표에 도달하는 것이 가시광선과 적외선이다. 평소에는 지구 자기장이라는 거대한 방패막 덕분에 대부분의 태양풍 입자들이 지상까지 도달하는 일은 거의 없다.

하지만 태양풍이 자기권과 대기권을 통과하면서 2차로 생성된 입자들이 만드는 우주방사선이 문제가 된다. 또한 태양풍이 뿜어내 지구의 양 극 지역에 도달한 플라스마 입자 등이 지구 자기권 내부에 쌓이면서 전기에너지가 생성되면 전리층에 강한 전류가 흐르고, 이 때문에 지구 자기권이 변한다. 지구 자기권이 변한다는 의미는 지구를 둘러싸고 있는 거대한 자기장의 구조와 크기가 변한다는 뜻이다. 급격한 자기장의 변화는 유도전류를 만든다. 짧은 시간에 갑자기 커진 유도전류는 지상의 송전시설에까지 영향을 미친다. 변전시설에 일시에 강한 유도전류가 생성되면 변전장비가 고장나기도 한다. 이런 전력시설의 고장은 대규모 정전 피해로 이어질 수 있다. 이렇게 우주날씨에서 매우 중요한 태양풍을 감시하기 위해 지금까지 많은 인공위성이 우주로 발사되었다. 현재 우주과학자들은 나사에서 개발한 ACE, WIND, DSCOVR 등의 위성에서 얻은 자료로 태양풍을 관측한다.

인공위성뿐 아니라 지상에서도 태양풍을 측정할 수 있다. 이 자료들은 인공위성으로 얻은 자료들을 보완하는 역할을 한다. 태양풍을 지상에서 최초로 관측한 사람들은 캠브리지대학교의 앤터니 휴이시 Antony Hewish 박사 연구팀이다. 1964년 이들은 전파망원경의 자료를 분석하다가 우주에서 들어오는 전파가 몇 초를 주기로 강해지거나 약해지는 현상을 발견했다. 이들은 조사 끝에 이것이 마치 지구 대기에서 빛의 산란 때문에 밤하늘에 별빛이 반짝이는 것처럼 보이는 현상과 같은 것임을 알게 되었다. 별에서 나오는 빛은 지구의 대기를 통과하면서 여러 방향으로 산란되어 반짝인다. 이와 비슷하게 어떤 전파원으로부터 나오는 전파 역시 대기 중 전하를 가진 입자나 태양풍의 플라스마에 의해 산란되어 빛이 반짝이듯 강한 주기와 약한 주기가 번갈아 잡히는 것이다.

●　　　　　　　　　　　　　　　　　　　　　　　　　　　　　　　**태양의 일생**

우리는 태양계의 어머니인 태양이 영원불멸하며 계속 그 자리에 있을 것처럼 생각하지만, 세상 모든 것이 그러하듯 태양도 탄생과 성장과 죽음을 겪는다. 태양의 나이는 현재 약 46억 년 정도 되었으며, 앞으로 50~70억 년까지는 지금 같은 모습으로 활동할 것이다. 태양 같은 항성의 일생에서 일어나는 전체적인 변화 과정을 '항성진화' 또는 '별의 진화'라고 한다. 가끔 뉴스에서 별이 폭발했다는 소식을 들을 수 있는데, 폭발한 별을 '신성' 또는 '초신성'이라고 한다. 사실 이름과는 달리 별이 태어난 것이 아니라 죽음에 이른 것이다. 어떤 별이든 신성이나 초신성으로 죽을 수 있는 것은 아니다. 대략 태양 질량의 세 배

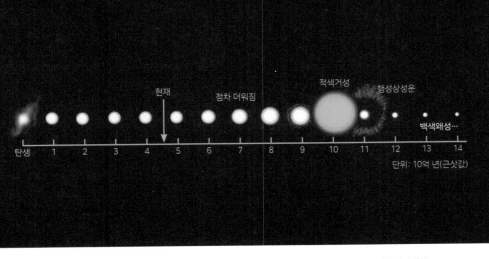

탄생 1 2 3 4 5 6 7 8 9 10 11 12 13 14

현재 · 점차 더워짐 · 적색거성 · 행성상성운 · 백색왜성…

단위: 10억 년(근삿값)

태양이 태어난 지 약 46억 년이 지난 현재, 그리고 적색거성과 백색왜성을 거쳐 결국 소멸할 때까지의
태양의 전 주기 일생을 보여준다.(크기는 실제 비율과 맞지 않음)

이상의 큰 질량을 가져야 초신성 단계를 거쳐 죽음에 이른다.

우주공간에는 먼지와 기체, 그리고 우리가 살고 있는 지구와 같은
행성들, 우리의 어머니인 태양과 같은 별들이 무수히 많다. 먼지와 기
체들을 별과 별 사이에 존재하는 물질이라 하여 성간물질이라고 하는
데, 별들은 바로 이 성간물질로부터 태어난다. 성간물질은 수소와 헬
륨, 그리고 미량의 다양한 원소들로 구성되어 있다. 성간물질들이 고유
한 파장으로 내는 빛을 관측하면 구성비, 분포 등의 특성을 알아낼 수
있다. 그렇게 해서 과학자들은 우주를 구성하는 원소의 대부분이 수소
라는 사실을 알아냈다. 성간공간에 분포하는 성간물질 역시 대부분이
수소다. 이것이 바로 별을 구성하는 원소의 출발이 수소인 이유다.

별의 일생을 결정하는 가장 중요한 변수는 태어날 때의 질량이다. 질량에 따라 별의 일생은 크게 달라지고, 마지막의 모습 또한 달라진다. 아주 무거운 별들은 상대적으로 주계열에 오래 머무르지 않고 금방 진화해버린다. 짧은 시간 동안 엄청난 에너지를 발산하기 때문이다. 반면 상대적으로 가벼운 별일수록 에너지를 약하게 오랫동안 내기 때문에 일생이 길다. 그렇다고 해서 가볍다고 무조건 오래 사는 것은 아니다. 별은 일정한 질량 이상을 가지고 있어야 한다. 질량이 충분하지 않으면 수소로 이루어진 내부 핵이 융합할 만큼의 온도를 만들지 못하므로 아예 별이 되지 못한다. 별이 되지 못한 천체는 행성이나 소행성과 같은 천체가 된다. 이러한 별의 최소 질량은 태양의 약 0.08배다. 그런데 별은 너무 무거워서도 안 된다. 일정 이상의 질량을 가져 어느 한계 이상으로 커지면 중력이 내부의 뜨거운 열에 의한 압력(복사압)을 견딜 수 없게 되고, 결국엔 중심을 향해 떨어지던 물질이 복사압에 의해 다시 바깥으로 밀려나가므로 별을 형성할 수 없다. 이론적으로 계산된 한계 질량은 태양의 약 150배 정도라고 한다. 이렇듯 보통 성간물질에서 별이 생성되기 시작하고, 특수한 조건을 만족하면 원시별이 만들어진다.

이렇게 원시별이 태어나면 별로서의 일생이 시작된다. 별의 일생에는 단계가 있다. 첫 단계인 전前주계열은 별이 주계열 단계에 들어가기 전 단계다. 원시별의 내부 온도가 충분히 높아지면 중심핵에서 수소가 헬륨으로 전환되며 에너지를 내는 핵융합 반응이 시작되고, 여기서 나오는 에너지가 만들어낸 압력에 의한 힘이 수축하려는 중력과 평형을 이룬다. 이렇게 해서 원시별은 안정된 주계열main sequence 별이 된다. 주계열 단계란 별의 중심부에서 수소의 핵융합 반응이 본격적으로 일어나는 단계를 말하며, 별의 일생 중 가장 긴 시간을 차지한다. 보통 평범한 별들은 일생의 대부분을 중심부에서 수소를 헬륨으로 전환시키며 보낸다.

이처럼 핵융합 반응을 계속하면 핵에 있는 수소의 양이 점점 줄어들고 헬륨이 늘어나며, 평균 분자량도 늘어난다. 따라서 별을 지탱할 수 있는 충분한 압력을 가지기 위해 중심핵이 조금씩 수축한다. 중심부에서 늘어난 헬륨은 수소보다 밀도가 높기 때문에 중력으로 별을 수축시키며 핵융합의 빈도를 상승시키는데, 중력 수축에 대항하여 별의 형체가 붕괴되지 않으려면 온도가 높아져야 한다. 이렇게 별의 내부 온도가 상승함에 따라 별은 조금씩 커지고 표면에 이르는 에너지도 늘어나 별의 광도가 조금씩 증가한다. 우리와 가장 가까운 별인 태양 또한 이러한 주계열 단계에 있어서 전주계열을 지난 이후 꾸준히 광도와 반지름, 온도가 증가해왔다.

별 내부의 핵융합 반응이 끝나는 시점에 시작되는 마지막 진화 단계는 후後주계열 단계다. 태어날 때와 마찬가지로 죽을 때도 가지고 있는 질량이 이 단계를 좌우한다. 태양과 질량이 비슷한 평범한 별들은 중심부에서 수소 연소가 끝나면 더이상 에너지를 낼 수 없어서 핵이 조금씩 수축한다. 약 64억 년 후 태양의 중심핵에 있는 모든 수소 연료는 헬륨으로 전환될 것이다. 이제 중심핵은 더는 수축하려는 중력의 힘을 이기지 못해 수축하기 시작할 것이며, 중심핵이 수축하면서 중심핵 바깥쪽의 온도가 수소를 태울 정도로 높아질 것이다. 이 과정에서 태양의 외곽층은 거대하게 부풀어 오르며 적색거성으로 불리는 진화 단계에 접어든다.

태양의 적색거성 단계는 약 6억 년 정도일 것으로 추측된다. 적색거성 시기에 태양은 40퍼센트의 질량을 잃으며 백색왜성으로 진화한다. 백색왜성으로 진화한 태양은 현재 질량의 62퍼센트까지 줄어든다. 이때 태양은 핵융합 작용으로 만든 헬륨과 탄소를 뿌리며, 이들은 성간물질이 되어 이후 태어날 별들의 재료가 된다. 앞서 말했듯 태양은 질량이 작아서 초신성이 될 수 없다. 결국 태양이 진화를 마치고 남기는 것은 백색왜성이다.

백색왜성은 밀도가 매우 높아서 질량은 원래 태양의 62퍼센트 정도지만 부피는 지구와 비슷할 것이다. 백색왜성은 처음에는 지금의 태양보다 150배 더 밝다. 이 단계에서 별의 중심핵은 천천히 수축하고, 수축을 멈추면 천천히 식어간다. 그리고 이 열과 빛은 서서히 우주공간으로 방출된다. 백색왜성은 서서히 온도가 식어가면서 점점 어두워지고, 수십억 년이 더 흐르면 태양은 더이상 빛을 내지 않는 흑색왜성이 되어 시야에서 완전히 사라질 것이다.

언제까지나 지금처럼 밝게 빛나고 있을 것만 같은 태양이 언젠가 빛을 잃게 된다니…. 태양이 빛을 잃기 전에 먼 우주로 탈출이라도 해야 하나 싶은 생각이 들 수도 있다. 하지만 잘 생각해보면 오히려 안심이 된다. 태양이 빛을 잃으려면 앞으로도 70억 년(!)이라는 긴 시간이 남았다는 사실을 알게 되었으니 말이다.

지금까지 우주날씨의 시작인 태양에 관해 살펴보았다. 지피지기면 백전백승이라고 하지 않았던가. 이제 태양에서 오는 거대한 공격들을 잘도 막아내고 있는 우리 지구의 대견하고도 몹시 다행스러우며 엄청난 능력들을 자세히 알아볼 차례다.

# 2

지구를 지켜주는 자기장

## 지구를 지키는 거대한 방패막

지구는 하나의 커다란 자석이다. 지구의 지각과 핵 사이에 있는 맨틀은 유동성이 있어서 지각을 이룬 여러 개의 대륙이 그 위에서 움직이고 있다.

지구의 핵은 외핵과 더 깊은 중심부의 내핵으로 나뉜다. 외핵은 액체 상태의 철과 니켈로 이루어졌는데, 이들은 상부와 하부의 온도 차이 때문에 대류하며 움직일 수 있다. 철과 니켈은 전기가 흐르는 전도성 물질이기 때문에 이때 유도전류가 발생한다. 이렇게 생긴 유도전류에 의해 외핵 내부에 자기장이 형성된다. 그다음, 지구가 자전하여 외핵의 물질이 회전운동을 하면 이 자기장에서 다시 유도전류가 발생하고, 이 전류가 거대한 지구 자기장을 형성한다. 이렇게 전류와 전기

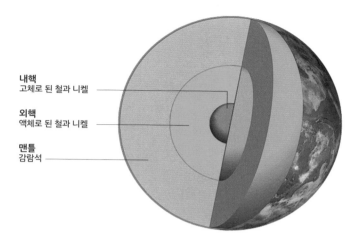

**내핵**
고체로 된 철과 니켈

**외핵**
액체로 된 철과 니켈

**맨틀**
감람석

내핵-외핵-맨틀-지각으로 이루어진 지구 내부의 모습이다.
내핵은 고체 상태의 철과 니켈로 이루어져 있고, 외핵은 액체 상태의 철과 니켈로 이루어져 있다.

장으로 지구 자기장이 생성되는 현상을 설명하는 이론을 다이나모 이론Dynamo Theory이라고 한다. 다이나모 이론은 지구뿐 아니라 행성들이 자기장을 갖게 되는 원리를 설명한다. 행성의 자기장은 외핵 내부에 액체 상태의 전도성 물질이 있는지, 있다면 얼마나 남아 있는지로 가늠할 수 있다. 다이나모 이론은 전기 전도성이 있는 유체가 회전하고 대류하며 어떻게 자기장을 유지하는지를 설명해준다.

지구 내부에 생성된 자기장은 지구 바깥으로 뻗어나가 커다란 막대자석처럼 주변에 촘촘한 자기장을 만든다. 우리 눈에는 보이지 않지만 자기장에는 매우 복잡한 자기력선 덩어리들이 형성되어 있다. 지구의 지리적 북극 주변에는 거대한 자석의 남극이, 지구의 지리적 남극 주변에는 자석의 북극이 위치한다. 따라서 지구 주변은 지구의 남극에서 나온 자기력선이 지구의 북극으로 들어가는 형태로 빼곡하게 채워져 있다. 초등학교 시절 교과서에서 막대자석 주변의 철가루들이 자기력선을 따라 질서 있게 늘어서 있는 사진을 본 적이 있을 것이다. 지구와 지구 주변의 자기력선도 이런 모양으로 펼쳐져 있다. 물론 실제로는 훨씬 복잡하게 얽히고 꼬여 있지만 말이다.

태양에서 뿜어져 나오는 거대한 태양풍을 맞는
지구의 자기권은 거대한 혜성의 꼬리 같은 형태를 띤다.(NASA)

지구 자기권은 전체적으로 거대한 혜성처럼 보이는데 그 이유는 태양풍과 만나기 때문이다. 지구 자기권의 앞쪽은 태양에서 불어오는 태양풍의 압력 때문에 찌그러져 반지름이 줄어드는(지구 반지름의 약 10배) 반면 태양 반대 방향으로는 꼬리가 늘어져 길어진다(지구 반지름의 약 100배). 또 양 옆 날갯죽지까지의 거리는 지구 반지름의 15배 정도다. 태양풍의 압력이 변함에 따라 지구 자기권의 경계면인 '자기권 계면'은 후퇴하기도 하고 전진하기도 한다.

지구 표면으로부터 지구 자기장이 영향을 미치는 바깥 경계까지의 영역을 통틀어 지구 자기권Earth's magnetosphere이라고 한다. 지구 주변의 자기력선과 자기장은 지구에 생명체가 살아남는 데 결정적인 역할을 하고 있다. 지구 자기권이 먼 은하에서 오는 우주선cosmic ray과 태양에서 오는 고에너지 입자들, 태양풍 입자들을 막아주는 거대한 방패 역할을 하기 때문이다. 할리우드 영화 〈어벤져스〉 시리즈를 봤다면 외계 생명체의 침략으로부터 지구를 보호하기 위해 설립된 '쉴드'라는 조직을 기억할 것이다. 지구에서는 지구 자기권이 외부 입자들의 공격으로부터 지구를 보호하는 천연 '쉴드'가 되어준다.

이 든든한 자기장 방패가 없다면 지구에 무슨 일이 생길까? 지표면 위로 바로 떨어지는 거대한 에너지를 가진 태양풍이나 고에너지 입자들과 우주선을 맞은 생명체는 살아남을 수 없다. 앞에서 태양풍의 실체는 전자, 양성자, 헬륨 등의 원자핵으로 이루어진 입자의 흐름이라고 설명했다. 전하를 띤 입자들의 흐름은 전류가 되는데, 에너지가 높은 전하들의 빠른 흐름을 달리 표현하면 방사선이다. 지구에 사는 사람이나 동식물이 이러한 우주방사선에 무방비로 노출되면 세포의 유전자가 변형되고 심하면 파괴되어버린다. 인류는 물론이고 모든 동식물은 멸종할 것이다. 이러한 과학적 사실을 SF적 상상력과 결합한 영화가 바로 2003년에 만들어진 〈코어Core〉다. 이 영화는 인공 지진을 이용한 어떤 무기가 지구 핵의 회전을 멈춰버리고 그 때문에 유도전류도, 자기장도 사라져버린 지구가 배경이다. 태양풍으로부터 지구를 보호해주던 자기장 방패막이 사라져버린 이 위험천만한 상황에서 인류는 과연 무엇을 할 수 있을까? 영화에서는 물리학자를 포함한 유능한 과학자들이 지구의 핵을 다시 회전시키기 위해 용감하고 위험한 임무를 수행하고, 결국 해결책을 찾아낸다.

## ● 지구를 둘러싼 자기장

태양계에서 지구만 자기권을 가지고 있는 것은 아니다. 수성, 목성, 토성, 천왕성, 해왕성에도 자기권이 있다. 행성의 자기권은 그 행성에 생명체가 존재하느냐 그렇지 않느냐를 가르는 중요한 기준이 되므로 자기권만 봤을 때는 이 행성들에 생명체가 존재하거나 과거에 존재했을 가능성이 있다고 얘기할 수도 있다. 최근 인류의 다음 정착지가 될 가능성이 높아진 화성도 초기에는 자기권이 있었다고 알려져 있다.

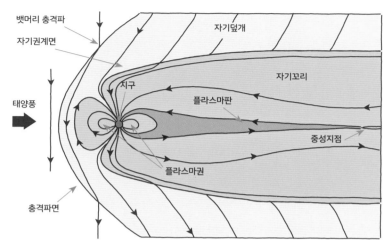

지구 자기권을 세로로 자른 종단면이다.

지구 외의 다른 천체에 지구 생물이 살 수 있도록 환경과 생태계를 구축하는 것을 테라포밍Terraforming이라고 한다. Terra는 '지구'를 가리키고 forming은 '형성하다', '만들다'라는 뜻이다. 화성 테라포밍의 관건은 자기권이 미약하다는 악조건을 어떻게 극복하느냐가 될 것이다. 따라서 행성의 자기권은 우주과학자들이 많은 관심을 기울이는 연구 주제다. 지구 자기권을 연구하는 가장 중요한 목적은 태양풍이 언제 어느 규모로 지구에 도착할지를 예측해 인공위성이나 지상의 전력 체계를 보호하는 데 있다. 대표적인 연구기관인 미국 마셜우주비행센터의 우주 플라스마 물리연구소The Space Plasma Physics Branch는 지구의 자기권뿐 아니라 태양계 행성들의 자기권을 연구해 나사에 연구 결과를 제공하고 있다.

　지구 자기권은 플라스마의 특성에 따라 각 지역마다 이름이 붙어 있다. 물성이 서로 다른 플라스마들이 접하는 면(접합면)에는 충격파가 생긴다. 그중 태양풍과 지구의 자기장이 정면으로 만나 생기는 충격파를 뱃머리 충격파bow-shock라고 한다. 뱃머리 충격파의 가장 겉에 있는 충격파면은 태양풍의 압력을 가장 먼저, 가장 세게 받는 곳이다. 태양풍의 평균 속력이 초속 450킬로미터나 된다는 사실을 생각하면 이곳이 받는 압력은 굉장할 것이다.

　뱃머리 충격파의 안쪽으로 들어오면 태양풍과 지구 자기장이 직접 상호작용하는 자기권계면magnetopause이 있다. 지구 중심에서 자기권계면의 가장 바깥까지의 거리는 약 $10R_E$(1$R_E$는 지구 반지름인 약 6,378킬로미터)고, 지구 자기권의 양 옆면까지의 거리는 약 $15R_E$다(지구에서 달까지의 평균 거리가 약 $60R_E$). 뱃머리 충격파와 자기권계면 사이에는 두꺼운 이불 같은 공간이 있는데, 태양풍 입자들이 이동하는 공간이다. 이곳을 자기덮개magnetosheath라고 한다.

　태양의 반대편 쪽에는 혜성의 꼬리처럼 자기장이 길게 늘어져 있다. 앞에서 지구의 자기권은 혜성처럼 보인다고 설명했다. 이렇게 길게 늘어진 자기장을 자기꼬리magnetic tail라고 한다. 두 개의 자기꼬리 안쪽 사이에는 플라스마판plasma sheet이 있는데, 두께는 지구 반지름의 2~6배 정도이며 적도면에 집중되어 있다. 자기꼬리는 매우 활동적인 곳이어서 이온과 전자들의 에너지를 증폭시키기도 하고, 지자기폭풍과 오로라와 연결된 복잡한 변화들이 일어난다. 지구와 가장 가까운 곳 양쪽으로 밴앨런 복사대<sup>Van Allen radiation belt</sup>가 있다.

자기꼬리는 극지방에서 관측되는 아름다운 오로라를 만드는 주요 원인이다. 오로라는 지구에서 사람들이 맨눈으로 우주날씨를 목격할 수 있는 유일한 현상이다. 옛날부터 사람들은 신비한 오로라의 비밀을 밝히려 애썼다. 세계 곳곳에는 겨울철 북극의 하늘이 훨씬 어두워지자 가장 밝은 오로라가 보였다는 등의 관측 기록이 남아 있다. 오로라는 지구 밖에서 지구로 들어온 전기를 띤 입자가 지구 대기의 입자들과 충돌하며 빛을 내는 현상이다. 원래 이 오로라를 만드는 입자들은 태양으로부터 온 것이라고 생각됐다. 그럼에도 오로라가 태양을 바라보는 앞면이 아니라 태양 반대쪽 면에 집중되어 보인다는 사실은 과학자들의 궁금증을 불러일으키기에 충분했다.

이 궁금증은 인공위성을 쏘아 올려 지구 자기권의 전체적인 모양을 알게 되고 자기권의 긴 꼬리를 발견하면서 비로소 해소되었다. 오로라는 태양풍 입자가 자기권으로 직접 들어와서 일어나는 1차적 현상이 아니라 태양풍 입자가 자기권 뒤쪽인 자기꼬리 지역에 잠깐 모여 있다가 에너지가 증폭되면서 일어나는 2차적인 현상이었던 것이다. 마치 신선한 음식을 냉장고에 임시로 저장해두었다가 꺼낸 것처럼 말이다. 그래서 오로라가 태양을 마주보는 쪽이 아닌 태양 반대쪽 면에서 관찰되는 것이다.

오로라가 발생하는 원인에 대해서는 여러 설명이 제시되어 있다.

현재로서는 자기꼬리의 자기재결합 현상을 원인으로 보고 설명하려는 시도가 가장 활발하다. 태양을 바라보는 쪽의 지구 자기권에 태양풍 입자들이 도달하면 대부분은 지구 자기권의 옆면으로 흘러 나가지만, 일부는 뒤쪽에 있는 자기꼬리의 위와 아래 부분에 쌓인다. 입자들이 계속 쌓이면 압력이 생기고 그 압력으로 자기꼬리의 두 부분이 합쳐질 때 자기력선을 따라 지구의 극지방까지 태양풍 입자들이 들어온다. 이렇게 들어온 입자들이 지구 대기의 입자들과 충돌해 오로라를 일으키는 것이다.

그런데 일부 과학자들은 자기재결합 현상을 믿지 않기 때문에 이 현상만으로 오로라를 완벽히 설명한다고 할 수는 없다. 왜 이 과학자들은 자기재결합 현상을 인정하지 않을까? 물리적으로 자기력선이 합쳐지는 일은 있을 수 없기 때문이다. 전자기이론에 따르면 전하를 띤 플라스마 입자들은 자기력선을 따라서만 움직여야 한다. 일시적으로 자기장의 세기가 0이 되는 중성지점에서는 잠깐 동안 자기력선의 구속력에서 벗어날 수 있다. 이러한 점들에서 자기력선들은 서로 엇갈리는 X 자 모양으로 나타나며, 자기권계면 내부에서 자기력선들의 배열을 컴퓨터 시뮬레이션으로 그려보면 실제로 이 지점들을 찾아볼 수 있다. 자기력선 구조에서 나타나는 이러한 X 자 형태는 태양풍과 지구 자기권이 만나는 자기권의 정면 부분과 자기꼬리 부분, 두 개 영역에서 나타난다. 인공위성의 관측 자료를 분석하면 이 지점들에서 자기장은 세기가 0은 아니지만 0에 가까울 만큼 매우 약하고 무질서하다. 우

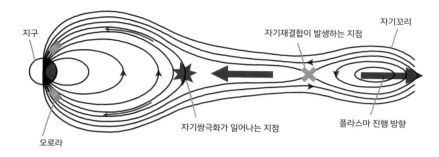

지구의 자기꼬리 지역에서 발생하는 자기재결합을 그린 그림.
자기재결합에 의해 서브스톰이 시작된다. 그림에서 X 자 형태로 표시한 영역에서 자기재결합이 일어난다.

주과학자들은 중성지점의 존재와 자기재결합 이론을 두고 여전히 논쟁하고 있지만, 이것이 오로라의 원인을 잘 설명해준다는 사실은 변함이 없다. 과학은 자연의 변치 않는 진리를 찾는 활동이지만 그 진리를 찾아가는 과정은 그리 깔끔하거나 단순하지 않다. 오랜 세월에 걸쳐 많은 사람이 다양한 의견을 내고, 이 의견들이 서로 충돌하고 수렴되는 과정이 반복되면서 자연의 법칙에 한걸음씩 다가간다. 이 또한 과학이다. 교과서에 실린 명쾌한 설명과 시험지에서 고르는 명확한 답안이 모두 이런 지난한 과정을 거쳐 만들어졌음을 기억했으면 한다.

　지구의 자기권은 영역마다 플라스마 밀도가 다르다. 플라스마 밀도가 가장 높은 곳은 태양풍과 직접 맞닿는 자기권계면($1 ions/cm^3$)이고, 그다음은 자기꼬리 사이에 있는 플라스마판($0.3{\sim}0.5 ions/cm^3$)이다. 자기꼬리 돌출부의 플라스마 밀도는 자기권계면의 100분의 1 수준인 $0.01 ions/cm^3$이다. 이 밀도의 차이를 보아도 태양풍을 구성하는 플라스마가 자기권계면에서 가장 많이 부딪히고, 그다음엔 자기꼬리의 중심부인 플라스마판 부분에 임시로 저장되었다가 자기꼬리 돌출부 부분으로 흘러 나간다는 사실을 미루어 짐작할 수 있다. 앞에서 설명한 열역학 제2법칙을 기억해보자.


## 본격적인 우주시대의 시작을 알린 밴앨런대

지구 자기권을 구성하는 다양한 영역들 중 우주날씨와 가장 관련 깊은 영역은 바로 밴앨런대(밴앨런 방사능대$^{Van Allen belt}$, 밴앨런 복사대)다. 거대한 지구 자기권의 여러 영역 가운데 지구와 가장 가까운 이 영역은 두 개의 도넛 모양으로 지구를 감싸고 있는 강력한 방사선대다. 그래서 이 영역을 지구 방사선대라고도 한다. 이 지역에는 항상 고에너지 전자와 고에너지 양성자가 밀집해 있는데, 이 고에너지 입자들이 바로 방사선의 정체다. 이 입자들은 우주날씨가 지구에 미치는 여러 영향들 중 가장 중요한 요소다.

밴앨런대는 나의 박사학위 논문 주제이기도 하다. 나는 밴앨런대를 형성하고 있는 상대론적 전자*들의 생성과 소멸 원리에 대한 연구

---

*    수백 킬로전자볼트 이상의 에너지를 갖고 있는 전자들을 말한다. 전자가 갖고 있는 에너지가 너무 높아서 그 운동을 계산할 때 고전물리학의 방법으로는 한계가 있고 상대성이론을 고려한 상대론적인 방법이 필요하다. 이러한 입자를 상대론적 입자라고 한다.

지구 주변에 파란색으로 표시된 거대한 공간이 지구 자기권이고,
자기권 안쪽에 있는 주황색의 도넛 모양으로 표시된 것이 밴앨런 복사대다.(NASA)

로 학위를 받았고, 대학원 시절부터 지금까지 이 매력적인 공간에 대해 연구를 계속해오고 있다. 밴앨런대를 논문 주제로 정한 이유는 당시 내가 만들던 인공위성인 과학기술위성 1호의 우주물리 탑재체가 밴앨런대의 입자가 대기로 침투해 들어오는 것을 관측하는 과학 임무를 맡고 있었기 때문이다. 처음에는 자의반 타의반으로 연구 주제가 결정되었지만, 20년 가까이 이 연구를 계속하고 있는 이유는 여전히 해결되지 않은 난제들이 이 분야에 유독 많기 때문이다. 남들이 어려워하는 것에 도전하는 것을 즐기는 나에게는 안성맞춤인 연구 주제였던 셈이다.

밴앨런대는 역사적으로 볼 때 본격적인 우주시대의 시작과 함께 화려하게 세상에 등장했다. 미국과 구소련의 냉전이 한창이던 1957년 10월 4일, 구소련은 세계 최초로 인공위성 스푸트니크 1호를 지구 주위 궤도에 올리는 데 성공했다. 구소련에 뒤처진 미국은 충격에 빠졌고, 그동안 개발해온 해군의 뱅가드 로켓을 같은 해 12월에 서둘러 발사했다. 하지만 로켓은 발사대에서 폭발하고 말았다. 자존심을 구긴 미국 정부가 도움을 요청한 사람은 제2차 세계대전 당시 V2 로켓을 개발해 연합국을 긴장시켰던 독일의 베르너 폰 브라운Wernher von Braun 박사였다. 그는 독일이 전쟁에 패하기 직전 미국으로 망명한, 미국 입장에서는 '과거의 적'이었으니 아이러니한 일이었다. 어쨌거나 미국의 요청을 받아들인 폰 브라운 박사는 3개월 만에 주피터 C 로켓을 만들었고, 1958년 1월 31일에는 미국 최초의 인공위성인 익스플로러 1호를 성공적으로 발사하는 데 중요한 역할을 했다. 익스플로러 1호가 스푸트니크 1호보다 3개월 늦게 발사됐지만, 단순히 전파 신호만 보낸 스푸트니크 1호와 달리 익스플로러 1호는 지구 자기장에 붙잡힌 하전 입자들의 거대한 띠인 밴앨런대를 최초로 발견하는 과학적 성과를 이뤄냈다.

미국의 물리학자 제임스 밴 앨런James Van Allen은 이미 1952년에 지구의 대기권 밖에 고에너지 방사선대가 있을 거라는 이론적 가설을 내놓았다. 그의 예상에 따르면 이 방사선대는 태양풍 입자들 일부가 지구 자기장에 포획되어 갇혀 있는 바깥 벨트와 대기와 충돌한 우주선에서 튀어나온 중성자 일부가 다시 붕괴해 생성된 양성자와 전자가 모여 있는 안쪽 벨트로 나뉘어 있어야 했다. 나사는 밴 앨런의 제안을 받아들여 입자 계수기의 한 종류인 가이거 카운터라는 탑재체를 익스플로러 1호에 실었고, 이 기기의 관측 결과를 분석한 결과 밴앨런대 바깥 벨트에 전자가 실제로 존재한다는 사실이 세상에 최초로 알려지게 되었다.

익스플로러 1호가 밴앨런대를 발견한 이후 1960년대에 들어서 인공위성 개발이 줄을 이었다. 사람들은 1960년대를 본격적인 우주시대의 시작이라고 받아들인다. 2019년은 인류 최초의 인공위성 스푸트니크 1호가 발사된 지 62주년, 밴앨런대를 발견한 익스플로러 1호가 발사된 지 61주년이 되는 해다.

밴앨런대는 태양풍을 타고 지구의 자기권 내부로 들어온 하전입

1958년 1월, 익스플로러 1호 발사가 성공한 뒤 열린 기자회견에서 빌 피커링, 제임스 밴 앨런,
베르너 폰 브라운이 익스플로러 1호의 모형을 들어 올리며 기뻐하고 있다.(NASA/JPL-Caltech)

자 중 일부가 지구 주위의 자기력선에 붙잡혀 적도 둘레에 도넛 모양
으로 분포하며 생겨난 띠다. 밴앨런대는 주로 양성자로 이루어진 안
쪽 벨트와 전자로 이루어진 바깥 벨트인 두 개의 공간으로 구분된다.
바깥 벨트는 지구 반지름의 3~10배 높이(1만 3,000~6만 킬로미터)까지
분포하고, 이 가운데 세기가 가장 센 부분은 지구 반지름의 4~5배 정
도 위치에 자리 잡고 있다. 이곳을 구성하는 주요 입자는 고에너지 전
자로, 이곳의 전자들이 가진 에너지는 0.1메가전자볼트$^{MeV}$에서 10메

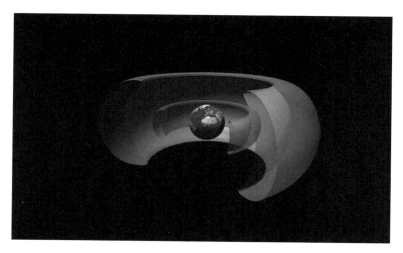

밴앨런대는 두 개의 도넛 모양 벨트로 이루어져 있다. 초록색으로 표시된 바깥 벨트는 전자로 이루어져
있고, 빨간색으로 표시된 안쪽 벨트는 양성자로 이루어져 있다.
두 개의 벨트 사이에 입자들이 거의 없는 빈 공간인 슬롯 영역이 있다.(NASA)

가전자볼트(전자볼트$^{eV}$는 에너지의 단위로 전자 하나가 1볼트의 전위를 거슬러
올라갈 때 드는 일로 정의한다. 1전자볼트는 $1.60217646 \times 10^{-19}$줄$^J$이다)에 이른
다. 안쪽 벨트가 외부 환경에 따라 변하지 않고 거의 일정한 분포를 유
지하는 것과는 달리 바깥 벨트는 태양의 활동과 밀접하고 매우 역동적
으로 변화한다. 태양풍과 태양플레어에서 온 입자로 생성된 만큼 바깥
벨트가 생성되고 소멸하는 변화의 양상은 태양의 활동과 관련이 깊다.

안쪽 벨트는 지구 반지름의 1~2배 높이(2,000~1만 2,000킬로미터)
에 자리 잡고 있다. 대부분 고에너지 양성자(100메가전자볼트)로 이루어
져 있고 약간의 전자(100킬로전자볼트)도 포함하고 있다. 안쪽 벨트의

입자들은 태양이 아니라 주로 은하에서 오는 우주선에서 기인한다고 알려져 있다. 우주선 입자가 지구 대기와 충돌하면 핵반응을 일으키며 중성자가 튀어나간다. 튀어나간 중성자 중 일부는 지구의 바깥쪽으로 향하다가 양성자와 전자로 붕괴하는데, 이렇게 생긴 양성자와 전자가 지구의 자기력선에 붙잡히며 안쪽 벨트를 형성한다. 어떻게 두 개의 벨트를 형성하는지, 바깥쪽 벨트와 안쪽 벨트의 입자들은 왜 서로 섞이지 않는지 궁금한 독자들도 있을 것이다. 두 벨트 사이에는 입자들이 거의 없는 슬롯 지역이 일종의 경계선을 형성한다. 슬롯 지역에 입자들이 거의 분포하지 않는 원인으로 다양한 플라스마 파동들이 거론되고 있으나 아직 명확하게 결론이 나지는 않았다. 이 분야 역시 현재 연구가 활발하게 진행되고 있다.

밴앨런대는 우주날씨에 관한 다양한 연구 주제 중에서도 매우 특별하고 중요하다. 왜냐하면 밴앨런대를 구성하는 입자들이 고에너지 양성자와 전자들이기 때문이다. 앞에서도 말했듯이 고에너지 입자들은 강력한 방사선을 만들어낸다. 만약 인공위성이 밴앨런대를 통과한다면 심각한 방사선 피해를 입을 수 있기 때문에 애초에 설계할 때부터 임무 기간 동안 밴앨런대를 몇 번이나 통과하는지 계산해야 한다. 모든 인공위성은 임무의 성격과 기간에 맞춰 설계되고 부품이 선정된다. 인공위성도 인간처럼 기대수명이 있는데, 이 기대수명은 위성을 구성하는 반도체 부품에 따라 결정된다. 그런데 반도체는 방사선에 매우 민감하다. 따라서 인공위성이 임무 기간 동안 밴앨런대를 몇 번이나 통과하는지, 그 기간이 태양 활동 극대기인지 극소기인지 여부는 인공위성의 임무를 설계할 때 반드시 고려해야 할 점이다.

그동안 과학자들은 태양폭발과 밴앨런대의 변화가 연관 있을 거라고 추론하고 열심히 증거를 찾아왔다. 이론적으로, 안쪽 벨트는 태양폭발과 상관없이 항상 안정적으로 유지되고, 바깥쪽 벨트는 태양폭발에 반응하며 함께 변화하는 패턴을 보일 것으로 예상되었다. 그런데 최근 연구 결과에 따르면 태양폭발이 발생할 때 밴앨런대는 정해져 있는 일정한 패턴의 인과관계에 따라 반응하지 않는다. 태양에서 폭발이 발생하면 밴앨런대는 갑자기 부피가 커지거나 작아지기도 하고, 아무 변화가 생기지 않을 때도 있다. 따라서 관측값을 기반으로 만들어야 할 예측 모델도 구현하기가 몹시 어렵다. 이렇듯 자연계에서 일어나는 현상을 단편적인 관측만을 근거로 설명하기란 매우 어려운 일이다. 밴앨런대의 변화를 사전에 예측하는 일도 여전히 우주과학 분야의 난제로 남아 있다. 하지만 어렵다고 해서 포기할 수는 없는 법이다. 밴앨런대의 변화를 사전에 예측하는 일은 인공위성이 오랫동안 안전하게 임무를 수행하는 데 매우 중요하기 때문에 전 세계의 많은 과학자가 지금 이 순간에도 헌신적으로 밴앨런대를 연구하고 있다.

태양 활동과 밴앨런대의 상관관계에 대해서는 여전히 명확하게 규명되지 않고 있다. 일반적으로 태양의 활동이 강해지면 밴앨런대의 입자 분포는 어떤 식으로든 변화한다. 그 결과 지구에 지자기폭풍과 오로라가 발생하기도 한다. 밴앨런대가 교란되면 장거리 무선통신에

한국천문연구원 옥상에 설치된 밴앨런 프루브 위성의 수신 안테나. 안테나 시스템은 지름 7미터에
S-Band 위성 신호를 수신할 수 있으며, 자동으로 위성의 위치를 추적할 수 있다.

장애가 생길 수도 있다.

나사는 밴앨런대를 탐사하기 위해 2012년 8월 30일 두 대의 쌍둥이 위성인 밴앨런 프루브Van Allen Probes를 발사하여 현재까지 운용하고 있다. 밴앨런 프루브 위성은 밴앨런대의 생성과 소멸 기작을 이해하기 위한 순수과학적인 목적과 우주날씨를 예측하는 실용적인 목적을 함께 가지고 있다. 밴앨런 프루브 위성의 관측 자료를 지상에서 수신하는 지상국은 두 곳인데, 미국의 제트추진연구소JPL와 한국의 한국천문연구원이다. 2012년 8월 한국천문연구원 대전 본원에 밴앨런 프루브 위성의 수신 안테나와 지상국이 설치되었고, 지금도 실시간으로 우주 날씨 자료를 수신하고 있다. 밴앨런 프루브는 2020년 2월이면 공식적으로 임무를 종료하고, 대기권으로 재진입하여 역사 속으로 사라질 예정이다. 현재 일본에서 만든 아라세Arase 위성이 밴앨런대에 상주하며 밴앨런대를 탐사하는 임무를 이어가고 있다.

## ● 지구 자기권의 대혼돈, 지자기폭풍

지자기폭풍은 지구 자기권에 발생하는 일시적인 교란 현상을 가리킨다. 일시적이라고는 하지만 한 번 발생하면 지구를 꽤 위험한 상황으로 몰고 가기도 한다. 태양 표면에서 폭발이 발생하면 코로나 물질방출, 코로나 구멍, 태양플레어 등이 발생한다. 그리고 보통 2~3일 안에 지구에 지자기폭풍이 발생한다. 태양폭발과 동반한 자기장의 변화가 지구에 도착하는 데 2~3일이 걸리는 것이다.

태양의 폭발만 지자기폭풍을 일으키는 것은 아니다. 태양풍은 태양과 지구 사이 공간에서 항상 불어오고 있지만, 그 속도가 매우 빨라질 때가 있다. 이때 발생하는 충격파가 지자기폭풍을 일으키기도 한다. 태양풍의 압력은 태양의 활동에 따라 늘기도 하고 줄기도 한다. 이렇게 지구 자기권을 밀어붙이는 태양풍의 압력이 변하면 지구 자기권이 교란되고 그 아래 있는 전리층의 입자들도 교란되어 지구 전체의 전류 시스템이 변화한다(하전입자의 흐름이 전류다). 지자기폭풍은 대개 3~4일 동안 계속되지만, 규모가 큰 지자기폭풍은 열흘 이상 지속되기도 한다.

태양은 표면이 폭발할 때 많은 고에너지 하전입자를 방출한다. 이러한 고에너지 입자는 매우 위험하다. 고에너지 입자가 살아 있는 세포를 관통하면 유전자 손상, 암 등 건강과 관련해 여러 문제를 일으킬 수 있으며, 짧은 시간에 대량의 세포가 노출되면 즉각 치명적인 반응이 나타난다. 에너지가 30메가전자볼트 이상인 태양 양성자는 특히 해롭다. 고에너지 하전입자는 지구 대기를 통과하며 다양한 방사선을 만든다.

지구의 대기와 자기권은 이러한 방사선 피폭의 위협으로부터 지상의 생명체를 지켜주는 방패 역할을 한다. 어떤 행성에 자기장이 있는지 여부가 생명체의 유무와 연관 있을 정도로 행성의 자기장은 중요한 역할을 한다. 이렇게 중요한 지구의 자기권이 지자기폭풍 때문에 일시적이라도 제 역할을 못 하면 지구는 큰 위험에 빠질 수 있다. 만약 우주공간에서 지자기폭풍을 만나면 훨씬 위험하다. 우주비행사가 우주공간에서 유영할 때 지자기폭풍이 발생하면 방사선에 의해 치명적인 피해를 입을 것이다.

지자기폭풍 중 가장 유명하고 피해도 컸던 사건이 1989년 10월 지자기폭풍이다. 규모도 커서, 우주복만 입은 우주비행사가 달리 막아

줄 장비도 없이 우주공간에서 이 폭풍을 정면으로 맞았다면 방사선 피폭으로 그 자리에서 즉사했을 것이다. 시뮬레이션에 따르면 이 우주비행사의 방사선 노출 예상치는 70시버트$^{Sv}$나 된다. 지상에서 일반인의 방사선 한계선량이 1밀리시버트$^{mSv}$(1시버트는 1,000밀리시버트다)이므로 한 해 동안 맞는 방사선량의 7만 배를 단 한 번의 우주유영에서 맞은 셈이다. 2017년 8월 일본 후쿠시마 원자력발전소에서 측정된 수치가 한 시간에 7.57마이크로시버트$^{\mu Sv}$(1시버트는 100만 마이크로시버트다)였던 것과 비교하면 후쿠시마 원자력발전소 근처에서 1,000만 시간 동안 머무른 것과 같은 수치다. 1,000만 시간이라면 1,140년이 넘는 아주 긴 시간이다. 미르 국제우주정거장에 거주하는 우주비행사는 지상에서 1년간 노출되는 양의 대략 두 배에 해당하는 방사선에 매일 노출된다. 우주정거장에 1년 동안 머문다면 지상에 있을 때보다 무려 730배가 넘는 양에 노출되는 것이다.

그럼 보통 사람들은 우주비행사가 아니니 안심해도 될까? 태양폭발이 발생할 때 태양 표면에서 나오는 고에너지 입자들 중에서 양성자가 평상시보다 비정상적으로 많이 분출되는 사건을 태양양성자사건Solar Proton Event, SPE이라고 한다. 태양양성자사건이 일어나면 극지방처럼 위도가 높은 항로를 비행하거나 높은 고도를 비행하는 정찰기의 비행기 승무원과 탑승객은 더욱 많은 방사선에 노출되기도 한다.

우주날씨가 아무 일 없이 조용할 때도 극항로는 다른 항로보다 많은 방사선에 노출되는데, 만일 우주날씨에 무슨 일이 생기기라도 하면 평상시보다 훨씬 많은 방사선에 피폭될 수 있다. 따라서 태양의 폭발과 지자기폭풍에 대처하기 위한 우주날씨 예보 시스템은 무척 중요하다. 항공사에서 항로의 방사선량을 미리 예측할 수 있다면 비행기 승무원이 방사선에 어느 정도 노출될지 미리 계산할 수 있고, 위험한 한계 수준에 도달하기 전에 항로나 고도를 조절하거나 비행 일정을 조정할 수 있을 것이다. 방사선은 생명체에도 피해를 입히지만, 전자부품에도 치명적인 피해를 입힐 수 있다. 방사선에 노출된 인공위성은 오작동할 위험이 있고, 태양전지판의 성능도 나빠진다.

태양폭발이 일어나면 방사선 외에도 폭발에 동반되는 전파에 의해 무선통신이 교란되고 항법 시스템에 장애가 생긴다. 또 지구 자기장의 세기가 급작스럽게 증가하면서 전류가 급증하여 지상 전력망에 일시에 과전류가 흐르면 전력망이 손실되고 대규모 정전이 발생할 수 있다. 역사적으로 지자기폭풍이 일으킨 피해의 규모와 양상은 다양했고, 큰 규모의 지자기폭풍은 큰 피해를 입혔다. 따라서 지자기폭풍이 왜 발생하는지, 언제 어떻게 발생할지 예측하는 일은 우주날씨 연구에서 아주 중요하다.

지자기폭풍은 지구 어디에서나 지자기 측정기가 있는 관측소라면 관측할 수 있다. 태양 활동이 극대기일 때는 지자기폭풍이 한 달에도 여러 번 발생하는 반면 극소기일 때는 1년에 몇 번 정도로 드물게 발생한다. 지자기폭풍이 이렇게 자주 발생하는데도 지구에 살고 있는 우리가 잘 의식하지 못하는 이유는, 다행스럽게도 대부분의 지자기폭풍이 큰 피해를 줄 정도로 규모가 크지는 않기 때문이다.

태양 활동은 11년을 주기로 변화한다. 2019년은 태양 활동 24주기의 극소기에 해당한다. 태양 활동 극소기라서 태양폭발이나 이에 따른 지자기폭풍은 그리 자주 발생하지 않는다.

## ● 지자기폭풍이 만드는 아름다운 오로라

서브스톰substorm은 이름에서 알 수 있듯이 작은 규모의 지자기폭풍이다. 서브스톰은 앞에서 설명한 지구 자기권의 자기꼬리 지역에서 발생하는 자기재결합 현상에서 시작된다. 자기꼬리에 전하들이 쌓이고 에너지가 축적되다가 에너지가 높은 입자들이 지구 방향으로 방출된다. 이렇게 방출된 고에너지의 하전입자들은 지구 고위도의 전리층으로 주입된다. 전리층에서는 이 입자들 때문에 전류가 교란되고 결과적으로 자기장도 교란된다. 서브스톰 자체는 자기장 측정값이 교란되는 것을 봐야 파악할 수 있지만, 서브스톰과 동시에 발생하는 오로라는 카메라나 맨눈으로도 관측할 수 있다.

1960년 영국의 물리학자 시드니 채프먼Sydney Chapman이 서브스톰이라는 용어를 처음 사용했다. 서브스톰은 지구 모든 곳에서 관측되는 지자기폭풍과는 다르게 주로 극지방에서 관측된다. 지속되는 시간도 다른데, 지자기폭풍은 며칠 동안 지속되는 반면 서브스톰은 짧게 수

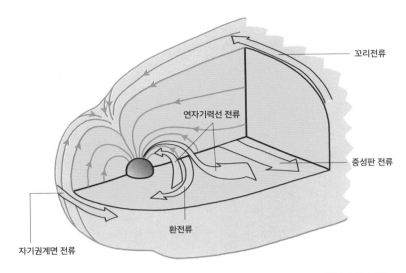

꼬리전류

연자기력선 전류

중성판 전류

환전류

자기권계면 전류

지구 자기권에 흐르는 전류 시스템은 매우 복잡하다. 지구 적도 주변을 동쪽에서 서쪽 방향으로 돌고 있는 전류가 환전류고, 양 극지역으로 들어가고 나오는 전류가 연자기력선 전류다.

시간 동안 지속된다. 서브스톰은 지자기폭풍 동안에 더 자주 발생하고, 이미 발생한 서브스톰이 끝나기 전에 다른 서브스톰이 시작되기도 한다. 지자기폭풍 동안 지구 표면 자기장의 세기를 교란하는 근원은 지구 자기권에 존재하는 가장 큰 전류인 환전류ring current의 교란인 반면 서브스톰이 발생하는 동안 지구 표면의 자기장값이 교란되는 원인은 바로 전리층의 전류인 연자기력선 전류field aligned current다. 지구 주변에는 다양한 전류 시스템이 거대하게 자리 잡고 있다. 지구의 적도 주위를 돌고 있는 전류가 환전류고, 극 지역에서 돌고 있는 전류가 연자기력선 전류다.

나사가 지구 자기권에서 오로라를 관측하기 위해 운용한 네 개의 위성군 테미스(NASA)

서브스톰은 오로라가 자주 일어나는 극지방의 오로라존auroral zone
에서 자기장 교란을 유발하기도 하므로 오로라와 동시에 관측되고는
한다. 이때 서브스톰이 일으킨 교란의 정도는 1,000나노테슬라nT까
지 올라가기도 한다. 평상시 지표면에서 측정되는 지구 자기장의 평

균 세기가 약 3만 나노테슬라이므로 1,000나노테슬라라면 전체 자기장의 세기에서 3퍼센트 정도 변하게 한 것이다. 그다지 크게 느껴지지 않을 수도 있겠지만, 평상시 자기장의 변화량이 1퍼센트 미만이라는 점을 생각하면 3퍼센트는 매우 큰 변화다. 지자기 교란의 정도는 지표에서 측정하는 것보다 우주에서 관측할 때 훨씬 크게 나타난다. 따라서 정지궤도 위성들에서 관측한 서브스톰은 지상에서 관측한 것보다 훨씬 강하게 나타난다.

우주날씨의 다양한 현상들 중 거의 유일하게 지상에서 맨눈으로 관찰할 수 있는 것이 바로 오로라다. 오로라가 크고 밝으면 서브스톰의 세기가 강한 것이다. 오로라는 지자기폭풍 동안 더 강력하고 더 자주 발생하며 하루 평균 여섯 번 정도 발생한다. 나사는 지구의 자기장과 오로라를 관측하기 위해 2007년 2월에 네 개의 위성으로 이루어진 테미스THEMIS 위성군을 발사했다. 테미스 위성은 본래의 목적인 오로라 탐사를 훌륭하게 완수한 후 2010년부터 두 기는 지구 관측용으로 지구 자기권에 남아 있고, 다른 두 기는 달 궤도를 돌면서 달의 우주환경을 탐사하는 임무를 수행하고 있다.

# 전기로 가득 찬 하늘과 오로라

# 지구의 대기권

지구 자기권 내부에서 지표면과 가장 가까운 영역은 대기권이다. 우주날씨의 영향을 받는 지구에 관해 이야기할 때도 사람들의 피부에 가장 와 닿는 영역은 대기권이라고 할 수 있다.

지구의 대기는 고도가 높아지면서 온도가 낮아졌다 높아졌다를 반복하다가 지표로부터 약 300킬로미터 높이에 도달하면서부터 일정한 온도를 유지한다. 지구의 대기권을 고도와 온도 변화에 따라 분류하면 지표면에서 가까운 영역부터 대류권, 성층권, 중간권, 열권으로 나뉜다.

지표와 가장 가까운 대류권(0~12킬로미터)은 태양 복사에 의해 뜨거워진 지표로부터 멀어지면서 온도가 낮아진다. 반면 성층권(12~50킬로미터)은 밀도가 높은 오존이 자외선을 흡수해서 위로 갈수록 기온이 높아진다. 오존층은 성층권인 20~30킬로미터 고도에 있다.

성층권을 지나면 온도가 낮아지고 오존 밀도가 급격히 감소하는 중간권(50~90킬로미터)이 있다. 여기서 더 올라가면 산소 원자가 극자외선(자외선 가운데 10~120나노미터의 극히 짧은 파장에 높은 에너지를 가진 자외선)을 흡수하여 기온이 급격히 상승하는 열권(90~500킬로미터)에 도달한다. 여기보다 높은 곳은 대기의 밀도가 극단적으로 낮아지며 고도와 상관없이 일정한 온도가 유지되는 외기권(500킬로미터 이상) 영역이다.

정리하면, 지표면에서 올라갈수록 대류권-성층권-중간권-열권이 있고, 성층권에 오존층이 존재하며, 오로라는 열권 윗부분에서 발생한다. 즉 오로라는 오존층보다 훨씬 높은 곳에서 생긴다.

일반적인 날씨와 우주날씨의 경계는 높이에 따라 구분한다. 지상 날씨에 영향을 미치는 '대기' 영역과 천문학에서 말하는 '우주' 영역은 보통 고도 100킬로미터에서 나뉜다. 연구자들은 100킬로미터 아래는 기상청이 관할하고, 100킬로미터 위쪽은 한국천문연구원이 관할한다고 말하곤 한다.

그렇다면 이 장의 주인공인 전리층은 어디에 있을까? 전리층이나 오존층은 앞에서 온도 변화를 기준으로 대기의 영역을 분류한 것과 달리 대기의 조성을 기준으로 대기를 분류할 때 생기는 영역이다. 주요 구성 입자에 따라서, 전하를 띠고 있는 하전입자(플라스마 상태다)가 많

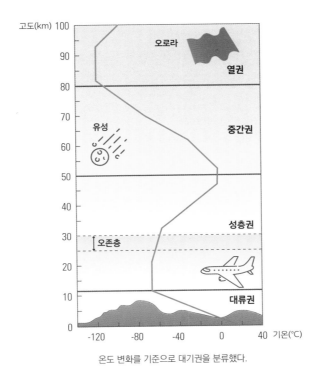

온도 변화를 기준으로 대기권을 분류했다.

은 영역을 전리층, 오존이 풍부한 지역을 오존층이라고 부른다. 온도
변화에 따른 대기 분류와 함께 놓고 보면 전리층은 주로 열권, 오존층
은 성층권과 고도가 겹치는 것을 알 수 있다. 우주날씨의 연구 분야를
크게 세 분야로 나누면 태양, 자기권, 전리층이다. 우주날씨 분야에서
전리층은 지구와 가장 가까운 영역으로 앞에서 설명한 지구 자기권의
안쪽 영역이다.

전리층 내부의 플라스마는 지상으로부터 60~1,000킬로미터 고

도에 있는데, 이곳의 대기를 플라스마 '밀도'를 기준으로 다시 분류하면 D, E, F층으로 나눌 수 있다. 전리층의 플라스마 밀도가 가장 낮은 층은 D층이고 가장 높은 층은 F층이다.

우주날씨에서 다루는 공간적 영역 중 최근 가장 응용 분야가 많아진 영역이 바로 전리층이다. 원래는 중성이었던 대기를 구성하고 있는 분자들이 태양복사선에 의해 '전리'(이온화 혹은 해리)되어 있기 때문에 일반적으로 전리층이라고 부른다. 이밖에도 '이온층', '전리권' 등으로 부르고 있으나 이 책에서는 가장 많이 쓰이는 전리층이라는 용어를 사용한다.

지표에서 1,000킬로미터 높이까지 위치한 전리층에는 국제우주정거장을 비롯한 대부분의 저궤도 인공위성(지표로부터 대략 2,000킬로미터까지)이 상주한다. GPS 위성이나 정지궤도(지표에서 대략 3만 6,000킬로미터까지) 기상위성처럼 높은 고도에 있는 인공위성들도 지구와 통신하려면 전파 신호가 반드시 전리층을 통과해야 한다. 따라서 전리층은 인공위성 운영과 위성통신SATCOM 등 실생활과 매우 밀접한 영역이다. 우주날씨 연구에서 중요한 공간이자 우리 생활과 밀접하게 이용되고 있기 때문에 연구와 응용 두 가지 측면에서 매우 중요한 곳이다.

현대를 살아가면서 통신, 특히 무선통신이 없는 일상은 생각할 수 없다. 무선통신은 크게 적외선을 이용하는 통신, 위성을 이용하는 통신, 전자기파를 이용하는 통신으로 나눌 수 있지만, 일반적으로는 전자기파를 이용한 통신을 가리킨다. 전자기파는 파동이므로 어느 주파수를 이용하는지가 매우 중요하다. 이 주파수의 단위를 헤르츠$^{Hz}$라고 한다. 헤르츠란 어떤 파동이 1초에 몇 번 진동하는지를 나타내는 단위다. 1초에 한 번 출렁이면 1헤르츠, 60번 진동하면 60헤르츠가 된다. 만약 92.5메가헤르츠의 FM 라디오 채널을 듣는다면 이 신호는 1초에 9,000만 번 넘게 진동한다는 의미다.

무선통신의 주파수 대역 중 단파를 이용하는 단파통신은 특히 대륙 간 통신이나 원거리 통신에 사용되는 중요한 통신 방식이다. 단파통신은 3메가헤르츠부터 30메가헤르츠 주파수 대역의 전자기파를 사용하며, 주파수를 기준으로 HF$^{High\ Frequency}$라고 부르거나 파장을 기준으로 단파$^{short\ wave}$라고 부른다(파장과 주파수는 서로 역관계라서 주파수가 높을수록 파장은 짧아진다).* 단파통신은 지금도 군대나 아마추어 무선통

---

\*    무선통신에 활용되는 전파는 파장에 따라 장파, 중파, 단파, 초단파 등으로 나뉜다. 장파는 1~10킬로미터 파장에 주파수 범위가 30~300킬로헤르츠, 단파는 10~100미터 파장에 주파수 범위가 3~30메가헤르츠, 초단파$^{very\ high\ frequency}$, VHF는 이보다 파장이 더 짧아 1~10미터 파장에 30~300메가헤르츠 주파수 대역인 전파를 일컫는다.

신, 국제 라디오방송 등에서 사용되고 있고, 위성통신 기능이 발달하지 않았던 과거에는 국제전화용 회선으로 쓰이기도 했다. 이렇게 중요한 단파통신을 가능하게 해주는 것이 바로 전리층이다. 단파는 전리층과 지상 사이에서 반사를 반복하면서 대기 중에서 원거리까지 전파될 수 있다.

전리층 발견과 관련해 재미있는 일화가 있다. 전리층을 최초로 발견한 사람은 무선전신을 발명해 1909년에 노벨 물리학상을 수상한 굴리엘모 마르코니Guglielmo Marconi다. 무선전신 연구는 당연히 상당한 전자기학적 지식이 바탕이 되어야 했는데, 마르코니는 발명가이자 사업가로서 역량을 발휘한 인물이지 전자기학 자체를 연구했던 순수 물리학자는 아니다. 마르코니가 물리학자가 아님에도 불구하고 노벨 물리학상을 받을 수 있었던 이유는 무선전신의 발명 자체 때문이라기보다는 이를 실용화하는 과정에서 전자기파의 실체 등을 잘 파악할 수 있게 한 점 때문인 듯하다. 이런 관점에서 보면 마르코니는 당대 최고의 물리학자들보다 물리학의 발전에 더 크게 공헌한 셈이다.

당시 대부분의 물리학자는 전자기파를 이용한 무선전신으로 단거리 통신은 가능할지 몰라도 장거리 통신은 불가능하다고 생각했다. 지구가 둥글기 때문에 전자기파를 보내도 지구 반대편의 수신기에 도달하지 못하거나 계속 위로 올라가다가 결국 대기층에서 소멸하고 말 것이라고 생각한 것이다. 그러나 마르코니는 그들의 설명을 곧이곧대로 받아들이지 않고 연구를 거듭한 끝에 영국과 프랑스 사이의 도버

해협을 횡단하는 무선전신을 성공시켰을 뿐 아니라 대서양을 사이에 둔 영국과 캐나다의 대륙 간 무선 송수신에도 성공하여 세상을 놀라게 했다.

당시 대다수 물리학자의 회의적인 생각과는 달리 원거리 무선전신이 가능했던 까닭은 바로 지구 상공에 존재하는 전리층 덕분이다. 이온과 전자 등으로 이루어진 전리층이 전자기파를 반사해주기 때문에 통신이 대륙을 가로질러 먼 거리까지 도달할 수 있었던 것이다.

물론 마르코니도 처음부터 전리층의 존재를 알고서 원거리 무선통신을 시도한 것은 아니었다. 그러니 그에게는 대단한 행운이 따랐다고도 볼 수 있다. 이렇게 의도치 않은 우연한 발견이 결과적으로 위대한 과학적 성과를 낳은 일들이 과학계에는 드물지 않다. 완전한 우연이 중대한 발견이나 발명으로 이어지는 것을 '세렌디피티serendipity'라고 하는데, 이 말은 특히 실패한 과학 연구로부터 나온 위대한 성과를 가리킨다. 대표적인 사례로 알렉산더 플레밍Alexander Fleming이 페니실린을 발견한 사건이나, 핵실험을 감시하던 벨라 위성이 우주에서 오는 감마선 폭발 신호를 발견하게 된 일 등이 있다. 마르코니 역시 우연이지만 위대한 발견 덕분에 무선 연구 분야의 경쟁자이자 동료였던 물리학자 카를 브라운Karl F. Braun과 함께 노벨 물리학상을 받을 수 있었다.

전리층에서는 전자의 밀도가 매우 중요하다. 전리층에서 전자기파가 진행할 때 밀도가 직접적인 영향을 미치기 때문이다. 전리층의 전자밀도는 낮과 밤, 계절, 태양의 활동주기에 따라 다양하게 변화하는데, 예기치 못한 이유로 갑자기 교란되면 지상에 있는 우리에게 큰 영향을 미칠 수 있다. 전리층의 전자밀도는 비슷한 고도에 있는 열권의 중성 대기 밀도보다 훨씬 높고 변화무쌍하다. 시간이나 공간, 계절, 태양 활동 주기에 따라 규칙적으로 변화하기도 하고 태양폭발 등에 의해 불규칙적으로 변화하기도 한다. 불규칙적인 변화는 예측하기 어렵지만 규칙적인 변화는 어느 정도 예측할 수 있다.

전리층의 전자밀도는 하루를 주기로 뚜렷한 일변화를 나타낸다. 전리층을 구성하는 양이온과 전자는 대부분 태양의 자외선에 의해 생성되기 때문에 해가 뜨기 시작하면 전자밀도가 커지기 시작하고 오후 1~2시경에 최댓값을 기록한다. 시간이 지나며 태양의 고도가 낮아지면 새로운 양이온과 전자의 생성률은 감소하는 동시에 이들 사이의 결합은 지속되므로 전자밀도가 감소하다가 마침내 해가 지면 양이온과 전자의 추가 생성이 멈춘다. 양이온과 전자의 재결합은 야간에도 계속되므로 전자밀도는 다음 날 해가 뜰 무렵에 가장 낮다.

이런 과정을 통해 낮에 생성된 전리층의 D층과 E층은 밤이 되면 전자밀도가 줄어들면서 거의 사라진다. 또 낮에 F1층과 F2층으로 세

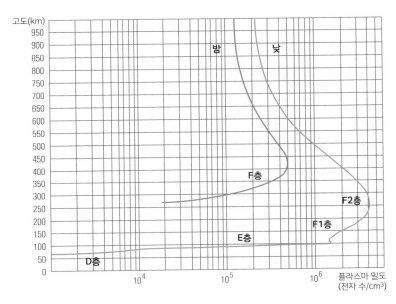

플라스마 밀도에 따라 전리층을 분류했다.

분화해서 나뉘어 있던 F층은 밤이 되면 하나로 합쳐진다. 상대적으로 고도가 높아 전자밀도가 높은 F2층에서는 재결합을 매개하는 중성 대기의 밀도가 낮아서 재결합이 다른 층보다 천천히 진행되므로 일출 직전까지 양이온과 전자가 어느 정도 남아 있다. 이온화하지 않은 중성 분자의 밀도가 높으면 양이온과 전자가 서로 가까이 있기 때문에 재결합 속도가 빨라진다. 다시 말해 중성 대기의 밀도가 높을수록 양이온과 전자의 재결합률은 높아지고, 중성 대기 밀도가 낮아질수록 양이온과 전자의 재결합률은 낮아진다. 밤에 전자밀도가 훨씬 감소함에도 불구하고 단파를 이용한 무선통신의 수신 감도가 더 좋아지는 까닭은 전리층의 구조가 F층으로 단순해지기 때문이다.

전리층의 전자밀도는 계절에 따라서도 뚜렷하게 달라진다. 계절 변화는 태양 고도각이 변화하여 생긴다. 태양의 고도각이 달라지면 태양에서 방출되어 지구에 도달하는 자외선의 세기도 달라지므로 전리층이 계절에 따라 변화한다. 전리권 전자밀도의 변화는 하루 동안의 변화보다 계절이 바뀔 때의 변화가 훨씬 복잡하다. 여름과 겨울보다 봄, 가을에 전자밀도가 더 크고, 어떤 경우에는 여름보다 겨울에 전자밀도가 더 크다. 기온이 가장 높은 여름에 오히려 전자밀도가 가장 낮을 때가 있다는 의미인데, 이 현상이 의미하는 것은 계절의 변화에 따른 전자밀도의 변화가 단순히 태양 자외선의 세기에 의해서만 결정되지는 않는다는 점이다.

태양의 자외선이 전리층에서 전자밀도가 변화하는 데 결정적인 역할을 하는 것은 맞지만, 전자밀도 감소에는 다른 원인들이 큰 영향을 미친다. 양이온과 전자의 재결합은 열권의 중성 대기 밀도와 고층 대기에서 불어오는 바람으로부터 큰 영향을 받는다. 또 전리층의 전자와 양이온 모두 플라스마 상태의 하전입자여서 당연히 지구 자기장의 영향을 받는다. 이러한 다양한 원인들 때문에 양이온과 전자의 소멸과 재결합은 매우 복잡한 양상을 띤다. 여기에 더해 전리층 역시 우주환경의 일부이므로 이곳의 전자밀도도 태양 활동 11년 주기의 영향을 받는다. 전리층의 양이온과 전자의 생성률을 결정하는 태양 자외선의 세기가 태양 활동 주기에 따른 변화와 일치하기 때문이다.

낮과 밤, 계절, 태양 활동 주기에 따른 전리층의 밀도 변화는 규칙적이라고 할 수 있다. 그런데 우주날씨에서 더욱 중요한 것은 예측하기 어렵게 불규칙적으로 발생하는 급격한 변화다. 태양플레어나 코로나 물질방출 같은 급격한 우주날씨 변화는 전리층을 단시간에 급격하게 변화시킨다. 태양플레어와 함께 발생하는 강한 엑스선은 대기층을 깊숙이 통과해 전리층에서 아래쪽에 해당하는 E층, D층의 전자밀도까지 높인다. 평상시 D층은 전자밀도가 매우 낮아서 이 영역을 통과하는 전파에 거의 영향을 미치지 않지만 어떤 이유로 D층의 전자밀도가 급격히 높아지면 전파통신을 사용하는 사용자들에게 큰 피해를 주는, 일종의 '사건'이 발생한다. D층은 고도가 낮아서 다른 층보다 중성 대기 밀도가 매우 높다. 따라서 이곳에서 전자가 진동하면 상층과는 달리 중성 대기의 원자나 분자와 충돌이 잦아진다. 이런 충돌은 에너지를 소모하기 때문에 전파를 재방출하지 못한다. 다시 말해 D층의 전자밀도가 증가하면 더 올라가 F층에서 반사되어야 할 전파가 D층에서 에너지를 잃어버리고 통신 두절로 이어진다. 이것이 앞에서도 소개한 델린저 현상이다.

전리층의 전자밀도는 매우 불규칙하게 변화하며 소규모의 교란도 자주 발생한다. 무선통신에 심각한 영향을 미칠 수 있는 이런 소규모의 불규칙한 전자밀도 교란 현상은 주로 고위도 지방이나 적도 부근에서 해질 무렵에 발생하며, 한 번 발생하면 수 시간 동안 지속된다. 태양의 활동이 활발해지는 태양 활동 극대기가 되면 이러한 전리층의 전자밀도 변화는 더욱 빈번해진다. 전파, 특히 파장이 아주 짧은 극초단파가 이러한 전리층 전자밀도 교란 지역을 통과하면 전파의 위상이나 진폭이 심각하게 변형될 수 있고 무선통신에도 장애가 생긴다. 이것을 전리층 신틸레이션scintillation 현상 혹은 전리층 깜빡이 현상이라고 한다. 이 현상은 통신과 항법 시스템에 큰 영향을 미치므로 통신을 하거나 전파 장비를 운영한다면 반드시 사전에 알아두어야 한다.

전리층의 교란 현상은 태양폭발이 일으키는 지자기폭풍 기간 동안 더욱 복잡하고 다양하게 나타난다. 이 기간에 발생하는 전리층의 가장 극적인 효과는 앞에서도 설명한 오로라다. 오로라를 일으키는 고에너지 하전입자들은 고층 대기를 이온화하여 극지방 전리층의 전자밀도를 높인다. 즉 태양의 자외선 외에도 양이온과 전자를 다량으로 생성시킬 수 있는 또 다른 원인이 추가되는 셈이다. 이 전자들은 지상으로부터 고도 100킬로미터까지 내려가 전리층 E층의 전자밀도를 높인다.

위성통신이 발달하지 못했던 냉전시대에 미국과 구소련 양국은 북극해를 사이에 두고 대치했다. 당시에는 단파통신이 유일한 통신수단이었기 때문에 극지방의 전리층 상태를 정확하게 파악하는 것이 군사적으로 매우 중요했다. 지자기폭풍이 일어나면 오로라가 발생하면서 남북극 극지 열권의 중성 대기가 비정상적으로 가열된다. 한 지역의 대기가 가열되면 팽창하면서 주변으로 불어 나가는 바람을 일으키는데, 열권의 바람은 중성 대기뿐 아니라 전리층을 구성하는 전자와 양이온까지 끌고 가려고 한다. 중성 대기의 운동은 지구 자기장의 영향을 받지 않지만, 전하를 띤 입자는 자기력선을 가로질러 움직이지 못하고 오직 자기력선을 따라서만 운동할 수 있다. 하전입자가 자기력선에 묶여서 움직이는 현상을 프로즌인frozen-in 현상이라고 한다. 이렇게 자기력선 방향을 따라서만 하전입자 밀도가 증가하면 전리층에서 전자기파의 진행을 방해하는 문제가 생긴다.

최근에는 위성통신이 발달하여 단파통신에 대한 의존도가 이전보다 많이 줄었다. 그럼에도 불구하고 아마추어 무선통신을 비롯해 다양한 군사 임무 등에서 여전히 중요하게 사용된다. 해군의 경우 함정과 함정 사이에서는 여전히 단파통신을 중요하게 사용한다고 한다. 이에 비해 위성을 사용하는 위성통신은 전리층에 있는 플라스마의 진동수와는 비교할 수 없을 만큼 주파수가 높은 수 기가헤르츠의 마이크로웨이브 대역 전파를 사용하기 때문에 전리층 교란의 영향을 크게 받지 않는다.

그런데 전리층 교란은 GPS 위성 운용에 큰 영향을 미친다. 지표면 약 2만 200킬로미터 위에서 운용되는 GPS 위성 역시 고주파인 마이크로웨이브 대역의 통신 주파수를 사용하기 때문에 전리층의 영향을 크게 받지 않는다. 하지만 GPS 위성의 역할이 정확한 위치를 결정하는 것이라는 점에서 문제가 생긴다. 정확한 위치를 추정하려면 GPS 신호가 도달하는 데 걸리는 시간을 정확하게 측정해야 한다. 전파는 진공 중에서는 빛의 속도로 진행하지만 플라스마 상태의 하전입자들이 있는 전리층에서는 속도가 크게 떨어진다. 이에 따라 전파의 방향이 꺾이는 굴절이 생긴다. 여기서 전파의 진행 속도를 결정하는 것이 앞에서 언급한 전자의 밀도다. 전자밀도는 규칙적이든 불규칙적이든 항상 변하기 때문에 GPS가 정확한 거리를 측정하려면 전리층의 상태를 정확하게 파악해야 한다. 특히 전파가 통과하는 구간의 전자밀도가 영향을 미치기 때문에 지상과 GPS 위성 사이의 모든 높이의 전자밀도에 대한 정보가 필요하다. 이 정보를 총 전자량total electron content, TEC이라고 한다. 위성과 지표 사이의 전자량의 총량이다. 이 전자밀도는 워낙 변화무쌍해서 하루 동안에만 10배나 차이가 나고, 11년의 태양주기를 따져보면 5배나 차이가 난다.


## ● 맨눈으로 볼 수 있는 우주날씨, 오로라


오로라는 우주에서 벌어지는 우주날씨의 대표적인 사건을, 우주에 나가지 않고도 지구에 사는 우리가 맨눈으로 확인할 수 있는 유일한 현상이다. 지구 전리층에서 발생하는 많은 자연현상 중 가장 중요할 뿐 아니라 보기에도 매우 아름다워서 많은 사람이 오로라를 보기 위해 고위도 지역으로 여행을 떠날 정도다. 인터넷에도 캐나다 옐로나이프, 미국 알래스카 등지로 떠나는 오로라 여행 상품과 후기가 많이 올라와 있다.

오로라는 앞에서 설명한 서브스톰과도 밀접한 현상이다. 학계에서는 오로라를 동반하는 서브스톰을 '오로라 서브스톰'이라고 따로 명명할 정도로 오로라와 서브스톰은 긴밀하다. 지구의 자기장과 태양풍이 상호작용하면 자기권 내부에도 자기에너지가 쌓인다. 자기권은 에너지를 저장하는 데 한계가 있기 때문에 그 한계를 넘어서면 폭발적으로 자기에너지를 방출한다. 이것이 서브스톰이라는 형태로 나타난다. 서브스톰이 일어날 때 지구 고위도 지역으로 들어오는 태양풍 입자들이 지구 대기와 만나 빛을 내는데, 이것이 바로 오로라다. 서브스톰 현상은 태양 활동이 활발할수록 자주 일어나기 때문에 오로라 서브스톰은 태양 활동이 증가할 때 더 자주 발생한다. 태양 활동 극대기에는 하루 저녁에 서너 차례까지 오로라 서브스톰이 발생하기도 한다.

오로라는 눈으로 보기에는 환상적으로 아름답지만, 왜 발생하는지, 형태와 색채가 어떻게 변화하는지에 대해서는 여전히 많은 의문이 남아 있다. 앞에서 설명한 자기꼬리 부분에서 발생하는 자기재결합도 오로라 발생에 대한 유력한 가설들 중 하나일 뿐이다. 서브스톰 외의 다른 자연현상들과는 어떤 관계가 있는지, 지자기폭풍과의 연결 관계는 또 어떤지 등 흥미로운 연구 주제들이 많아서 우주를 연구하는 과학자들에게 오로라는 무척 매력적인 연구 분야다.

이렇게 아름답고 매력적인 오로라는 유감스럽게도 우리나라에서는 거의 볼 수 없다. 하지만 역사적인 기록에 따르면 오래전에 우리나라에서도 오로라를 관측했다. 《고려사실록》에는 1088년, 1090년, 1130년, 1187년에 우리나라 하늘에서 붉은색 오로라가 보였다고 기록되어 있다. 또 1151년, 1171년, 1185년에 태양의 흑점을 관측했다는 기록도 있는데, 흑점의 크기를 각각 흑자(검은깨), 오얏(자두), 계란, 복숭아, 배 등에 비유하여, 크기의 기준을 가지고 다양한 흑점을 관측했음을 알 수 있다. 관측일지에 기록된 날짜를 자세히 살펴보니 태양 활동이 활발했던 시기와 오로라가 관측된 시기가 매우 유사함을 알 수 있었다.

고려시대뿐 아니라 최근에도 우리나라에서 오로라가 관측되었다. 2003년 10월 30일, 경상북도 영천시에 있는 보현산천문대에서 붉은색 오로라를 관측했다는 논문이 발표되었다. 우리나라 같은 중위도 지방에서는 오로라를 보기가 매우 힘든 일이기에 이 기록은 매우 중요하다. 그날 우주날씨 역사상 가장 규모가 큰 태양폭풍 중 하나인 할로윈 스톰이 발생하여 중위도 지역인 우리나라에서도 오로라를 관측할 수 있었다. 중위도 지역에서 드물게나마 관측되는 오로라의 색깔은 주로 붉은색이다. 오로라 색깔이 다양한 이유는 뒤에서 자세히 설명하겠다. 이날의 관측 기록은 고려시대의 기록을 제외하면 우리나라에서 오로라를 공식적으로 관측한 첫 번째 사례이자 아직까지는 마지막 사례다.

오로라는 위도가 높고 추운 지역에서 생긴다고 생각하기 쉬운데, 정확히 말하면 자기 북극(혹은 자북極北, north pole, 나침반 상의 북극)과 자기

국제우주정거장에서 내려다본 남극 상공의 오로라대(NASA)

남극 가까운 곳에 생긴다. 지구의 자기장 축은 지구의 자전축과 11도 정도 기울어져 있어 지리상 북극점(진짜 북극)과 나침반 상의 북극점은 일치하지 않는다. 자북은 지구 내부의 자기장 변화에 따라 위치가 계속 변한다. 오로라는 지리상 북극점이 아니라 자북 근처에서 생기므로 자북 주위를 둥그란 띠 모양으로 둘러싼 지역에서 관측할 수 있다. 지구의 오로라는 자기 북극과 자기 남극 주위에 모두 나타난다. 이렇게 오로라가 가장 잘 나타나는 곳을 오로라대auroral oval(또는 오로라존)라고 한다. 오로라대는 시베리아 북부 연안, 알래스카 중부, 캐나다 중북부, 스칸디나비아 반도 북부 등에 걸쳐 있다. 이 지역에서는 밤에 구름이 끼거나 눈, 비가 내리지만 않으면 거의 매일 오로라를 볼 수 있다.

고위도 지역에서는 항상 오로라를 볼 수 있다고 생각하기 쉽지만 위도가 높다고 반드시 오로라를 볼 수 있는 것은 아니다. 오로라를 관측할 수 있는 위도 영역은 대략 남북위 65~72도 사이로 거의 일정하게 정해져 있다. 오로라는 남반구에서도 북반구와 대칭적으로 동일하게 나타난다.

그런데 이런 의문이 들 수도 있다. 태양 활동이 원인인 오로라는 왜 밤에만 보일까? 낮에도 나타나는데 단지 우리가 보지 못하는 것이 아닐까? 맞다. 낮에도 오로라는 나타난다. 태양빛 때문에 오로라의 빛을 관측할 수 없을 뿐이다. 또 다른 이유도 있다. 앞에서 서브스톰이 발생할 때 태양에서 오는 하전입자들이 태양을 마주보는 쪽의 반대편인 지구의 자기꼬리 지역에 있는 플라스마판에 쌓이다가 지구 자기력선을 따라 극 지역으로 들어와 오로라 현상이 나타난다고 설명했다. 지구 자기권의 자기꼬리 지역은 태양을 마주보지 않는 밤 지역에 있기 때문에 밤 지역에서 오로라를 더 잘 볼 수 있는 것이다. 물론 레이더를 이용하면 낮에도 오로라가 발생했다는 사실을 확인할 수 있다.

오로라라는 이름은 로마신화에 등장하는 새벽의 여신의 이름에서 따왔다. 밤하늘의 신비한 빛에 오로라란 신화 속 여신의 이름을 붙인 사람은 그 유명한 갈릴레이다. 아마도 오로라의 빛깔이 동트기 직전 새벽의 신비한 빛깔처럼 아름답게 보였나 보다. 그렇다면 이렇게 아름다운 오로라의 색깔은 어떻게 결정될까?

가장 흔히 관찰되는 오로라의 색깔은 밝은 녹색이다. 태양풍 입자와 대기 중 산소 원자가 만나 발생한 오로라에서 나타난다. 극히 예외적인 경우를 제외하면 대부분의 오로라는 녹색을 띤다. 여러분이 극지방으로 오로라를 관측하러 간다면 십중팔구 녹색 오로라를 보게 될 것이다. 그런데 오로라 활동이 활발할 때 촬영한 사진을 보면 녹색뿐 아니라 적색도 확인할 수 있다. 이는 녹색과 섞인 것이 아니라 높이에 따라 다르게 나타난 것이 함께 보이는 것이다. 지상 90~150킬로미터 고도에서는 녹색 오로라가 주로 관측되고, 이보다 높은 고도에서는 적색 오로라가 관측된다. 고도가 낮은 지역에서는 산소 밀도가 상대적으로 높아서 산소와 태양풍이 반응하여 녹색 오로라가 생성된다. 적색 오로라 역시 산소 원자로부터 방출되며, 90~150킬로미터 고도를 넘어서는 곳에서 주로 관측된다. 광원으로부터 관측 지점에 도달하는 빛의 양은 거리의 제곱에 반비례한다. 만약 같은 정도의 밝기를 가진 적색 오로라가 녹색보다 두 배 더 높은 고도에서 나타난다면 지상에서는 녹색 오로라의 4분의 1 수준의 밝기로만 보일 것이다. 쉽게 말해 지상은 오로라 광원으로부터 멀리 떨어져 있기 때문에 오로라가 희미하게 보인다. 그러니 적색 오로라는 녹색 오로라보다 육안으로 관측하기가 쉽지 않다.

지자기폭풍이 발생하면 오로라대가 평상시보다 위도가 낮은 지역까지 남하한다. 이때는 위도가 훨씬 낮은 중위도 지방에서도 오로라가 보인다. 지구는 둥글기 때문에 중위도 지방에서 오로라 커튼의 하부까지는 볼 수 없지만 오로라 커튼이 높게 발달하면 그 위쪽의 적색 부분은 중위도 지방의 북쪽 지평선 상공에서 관측되기도 한다. 이것이 바로 2003년에 보현산천문대에서 붉은 오로라를 관측할 수 있었던 이유다.

오로라 활동이 최고조에 달하면 오로라 커튼의 아래쪽이 검붉은 색이나 심홍색을 띠는 경우가 있다. 이 아름다운 색깔은 중성의 질소 원자가 방출하는 청색 계열의 빛과 산소 원자가 방출하는 적색, 녹색 빛이 혼합되어 나타난다. 오로라가 발생하는 고층 대기는 주로 질소 분자와 산소 원자로 구성되어 있다. 지상이나 저층 대기와는 달리 고층 대기에 있는 산소는 태양에서 나오는 자외선 때문에 주로 원자 상태로 존재한다. 질소가 원자 상태로 있어야 태양 자외선에 의해 빛을 방출할 수 있다. 하지만 이곳에서도 태양의 자외선은 질소 분자를 이온화시킬 만큼 에너지가 강력하지 못하기 때문에 질소는 원자가 아닌 분자 상태로 존재한다. 이것이 질소가 대기의 대부분을 차지하고 있음에도 녹색 오로라는 흔하고 적색이나 청색 오로라 등은 드문 이유다.

오로라는 자기권에서 공급된 고에너지의 양성자와 전자, 특히 전자가 고층 대기의 구성 입자들과 충돌한 후 충돌 전후의 에너지 차이만큼 빛을 내는 자연적인 방전 현상의 일종이다. 오로라는 자외선과 적외선 파장 영역은 물론이고 그 바깥 영역에서도 빛을 방출한다. 다만 가시광선만 볼 수 있는 우리 눈에는 보이지 않을 뿐이다. 파장이 긴 전파, 적외선, 우리 눈이 인식하는 가시광선, 그보다 파장이 짧은 자외선, 그리고 파장이 매우 짧으며 에너지가 강력한 엑스선과 감마선 등 모두를 통칭해서 전자기파라 부른다. 오로라는 전자기파의 모든 파장

산소 원자에 의해 낮은 고도에서 발생하는 녹색 오로라와 높은 고도에서 발생하는
적색 오로라가 함께 보인다.(Lightscape)

영역에 걸쳐 빛을 방출한다.

　　오로라는 지상에서 올려다보면 구름 바로 위에 있는 것 같지만, 실제로는 그보다 훨씬 높은 곳에 있다. 오로라가 생기는 고도는 보통 100~320킬로미터이므로 오로라를 손으로 만져보고 싶다면 우주왕복선을 타고 올라가야 한다. 간혹 해외로 가는 비행기 안에서 오로라를 목격하는 경우가 있는데 이때는 비행기가 오로라 속으로 날아간다는 느낌을 받을 수 있다. 하지만 지구는 둥글기 때문에 멀리서 보이는 오로라가 비행기와 같은 높이로 보일 뿐, 오로라는 비행기 고도보다

10배나 높은 곳에서 발생한다.

오로라는 보통 커튼 모양으로 나타나는데, 오로라 커튼의 상단이 1,000킬로미터 고도까지 도달할 때도 있다. 대부분의 전자는 지상으로부터 대략 90킬로미터 위치까지 하강한다. 그러므로 지상에서 관측되는 오로라 커튼의 바닥 높이가 바로 여기에 해당한다.

오로라 활동이 활발해지면 오로라 커튼은 매우 역동적으로 움직인다. 오로라가 넓은 하늘에 걸쳐서 마치 살아 움직이는 것처럼 하늘거리는 이유는 지구 자기력선이 움직이기 때문이다. 앞에서 설명한 프로즌인 현상 때문에 전하를 띤 입자들은 지구의 자기력선을 따라 움직인다. 지구의 자기력선은 한시도 가만있지 않고 쉴 새 없이 움직인다. 따라서 자기력선에 꽁꽁 묶여 있는 전하들도 춤추듯이 따라서 움직이고, 전하들의 궤적에 따라 생성되는 오로라도 함께 춤추듯이 움직인다. 오로라가 만들어내는 환상적인 커튼의 최하부가 가장 밝고, 고도가 높아질수록 점점 어두워진다. 오로라는 기상현상이 일어나는 대류권보다 훨씬 높은 곳에서 발생하므로 구름이 끼거나 눈이나 비가 오면 지상에서 관측할 수 없다.

## 우주날씨의 세 가지 요소

지구라는 행성의 어머니 별인 태양으로부터 비롯된 우주날씨는 지구에 사는 우리들과 떼려야 뗄 수 없는 사이다. 예전에는 눈이나 비가 언제 얼마나 내릴지, 바람은 얼마나 세게 부는지 같은 날씨만 중요했다. 이런 날씨 현상은 지표면으로부터 10킬로미터 이내에서 발생한다. 하지만 기술이 발전하여 전기를 사용하고 무선으로 통신을 하고 인공위성을 쏘아올리고 우주를 탐사하는 지금은 지표에서 100킬로미터 위쪽은 물론이고, 저 먼 우주의 날씨까지 모두 중요하다. 특히 대부분의 나라와 도시들, 사람들이 최첨단 기기에 둘러싸여 사는 현대 사회에서는 태양의 강렬한 활동 한 번에 시스템이 크게 무너질 수도 있다. 그렇기 때문에 태양의 활동을 예측하여 혹시라도 일어날지 모를 우주적 재난에 대비할 필요가 있다.

일상생활과 밀접한 날씨에는 온도, 습도, 강수량이라는 세 가지 기본 요소가 있다. 그럼 우주날씨에도 이런 기본 요소가 있을까? 물론 있다. 태양이 방출하는 전파, 입자, 자기장을 '우주날씨의 3요소'라고 한다. 우주날씨의 3요소는 우주날씨에서 가장 중요한 변수이며 우주날씨를 예보하는 기준이 된다.

우주날씨 예측의 중요성을 인식하게 된 지구인들은 각 나라에서 경쟁적으로 우주날씨를 연구하기 시작했다. 이번에도 선발주자는 미국이다. 미국 해양대기청의 우주날씨예보센터NOAA Space Weather Prediction Center, NOAA/SWPC는 우주날씨의 세 가지 요소 각각을 지수로 만들었다. 태양에서 나오는 엑스선의 세기를 지수로 만든 전파폭풍Radio Blackout 지수 R(전파), 태양에서 나오는 양성자의 개수를 지수로 만

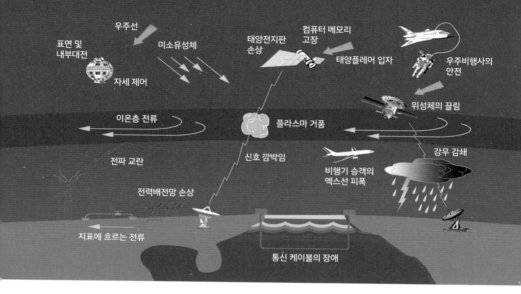

표면 및 내부대전
우주선
미소유성체
태양전지판 손상
컴퓨터 메모리 고장
태양플레어 입자
우주비행사의 안전
자세 제어
위성체의 끌림
이온층 전류
플라스마 거품
전파 교란
신호 깜박임
강우 감쇄
비행기 승객의 엑스선 피폭
전력배전망 손상
지표에 흐르는 전류
통신 케이블의 장애

우주환경의 피해를 한 장의 그림으로 정리했다. 태양의 고에너지 입자는 태양전지판을 손상시키고 우주비행사와 비행기 승무원과 승객에게 방사선 피폭의 위협을 가한다. 이온층 전류가 교란되면 지상의 전파 신호에 교란이 생길 수 있고, 지상의 전력 배전망이 손상을 입으면 정전이 일어날 수 있다. 대륙 간 통신 케이블이 끊어져 통신장애가 생길 수 있다.(NASA)

든 태양 방사선폭풍Solar Radiation Storm 지수 S(입자), 지구에 도달하는 지자기폭풍Geomagnetic Storm 지수인 G(자기장)다. R, S, G 지수들은 각각 0단계에서 5단계까지 구분된다. 참고로 이 우주날씨 3요소의 각 등급을 이 장 끝에 정리해두었다.

각각의 우주날씨 요소는 태양에서 출발해 지구에 도달하는 속도가 다르다. 지구에 가장 먼저 도착하는 것은 전파(혹은 전자기파)다. 빛의 속도로 오기 때문이다. 전파는 태양과 지구 사이의 거리인 1억

5,000만 킬로미터(1AU)를 단 8분 20초 만에 주파한다. 우주날씨에서 전파는 주로 통신장애를 일으키고, 인공위성, 비행기의 무선통신 장치 등 많은 통신 시스템을 일시적으로 또는 영구적으로 사용하지 못하게 만든다. 뒤이어 두 번째로 입자들이 지구에 도착하는데, 태양에서 출발한 지 몇 시간이면 지구에 도달한다. 입자(양성자, 하전입자, 우주방사선)들은 특히 위험하다. 고에너지 하전입자는 생명체의 세포를 파괴할 수 있기 때문이다. 따라서 태양폭발이 발생하면 우주비행사들은 우주 방사선을 차단할 수 있는 시설로 빨리 대피해야 한다.

마지막으로 지구에 가장 늦게 도착하는 요소가 자기장의 효과다. 태양플레어나 코로나 물질방출과 함께 태양을 출발한 자기장 폭풍은 3~4일이 지나면 지구에 도달한다. 태양에서 출발한 자기장 교란이 지구에 도착하면 지구 자기권에 새롭게 전기에너지가 유도된다. 이렇게 유도된 전류가 전리층을 거쳐 지상에 도착하면 지상에서는 일시적이지만 급격하게 대량의 유도전류가 송전선을 탄다. 이 급증한 전류는 지상의 전력 시스템을 손상시키고, 심하면 정전 사태를 유발한다. 이런 사태를 막기 위해 발전소를 정지시키거나 송전을 멈추어 강제 정전을 하도록 조치를 취하기도 한다.

우주날씨 요소들이 지구에 도착하는 시간을 정확히 예측하기는 어렵다. 지구에 도달하는 데 가장 오랜 시간이 걸리는 자기장의 변화를 예측하는 것은 상대적으로 쉽지만, 양성자의 도착을 예측하기는 어렵고, 전파의 변화를 예측하는 것은 불가능에 가깝다. 하지만 어렵긴

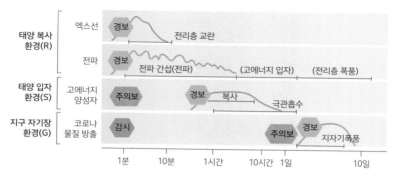

우주날씨의 3요소 각각이 지구에 도달하는 시간은 그 스케일이 다르다. 태양 복사환경이라고 표시된
전파 신호는 지구에 도달하는 데 8분, 태양 입자환경이라고 표시된 고에너지 양성자는 보통 수 시간,
태양 자기장 변화에 의해 발생하는 지구 자기장의 변화는 보통 3~4일이 걸린다.
R, S, G가 지구에 도달하는 데 걸리는 타임 스케일이 분, 시간, 일 단위인 것이다.(한국천문연구원)

해도 양성자 예측 모델과 전파의 변화를 나타내는 플레어 예측 모델도
만들어지고 있다. 예측의 정확도는 아직 낮지만 말이다. 대기권의 날
씨도 예측하기 어려운데 그보다 훨씬 멀고 큰 우주의 날씨를 예측하는
일이 결코 만만한 일이 아님을 짐작하기란 그리 어렵지 않다.

## 우주날씨 예보, 어떻게 하나

"여보세요? 황 박사님, 혹시 어제 우주날씨에 무슨 일이 있었나요?"

"왜 그러세요? 또 무슨 일이 생겼나 봐요?"

"네, 어제 우리 위성 하나가 오동작해서 지상과 통신이 끊기고 자료 송신도

안 됐어요. 한 시간 동안이나 기상 사진을 못 받았어요."

"아이고, 무슨 일이 생겼는지 한번 살펴볼게요."

오늘 아침 출근하자마자 기상 위성을 운영하는 기상청 국가기상
위성센터에서 전화가 왔다. 위성의 자료가 제때 송신되지 않으면 날씨
예보를 제대로 할 수 없어 상황이 매우 곤란해진다. 원인을 빨리 파악
해서 제대로 된 조치를 취해야 한다. 이런 긴급 전화가 걸려오면 한국
천문연구원 우주환경감시실에서는 태양, 자기권, 전리층을 연구하는
과학자들이 한자리에 모여서 지난 일주일 동안 태양에 무슨 변화가 일
어났는지, 태양 활동이 지구 자기권의 입자 분포와 자기장 분포에 영
향을 미쳤는지 분석하는 회의를 진행한다. 결국 이날의 긴급사태는 큰
규모의 태양플레어와 코로나 물질방출 현상이 지구를 향해 발생했고,
위성이 오동작을 일으킨 날까지 약 3일 동안 고에너지 입자가 위성체
에 쌓이는 바람에 일어난 피해였다. 이렇게 과학적으로 자료를 면밀하
게 분석하고 상황을 다각도로 살피지 않으면 애꿎게 현장의 실무자만
책임져야 하는 상황이 닥칠 수 있다.

우주에서 생기는 일은 지구촌 구석구석까지 고르게 영향을 미친
다. 우주적 관점에서 보면 지구에 사는 인간들은 모두 한동네 사람이
나 마찬가지인 셈이다(〈어벤져스〉에 나오는 타노스를 생각해보라. 그가 보기
에 미국인이거나 한국인이거나 무슨 상관이 있을까?). 우주날씨가 미치는 영
향이 나라마다 다를 수가 없으니 우주날씨 연구는 진정한 글로벌 협력

이 필요한 분야다. 세계 각국에서 너 나 할 것 없이 경쟁적으로 우주날씨를 연구하고 있고, 물론 우리나라도 이에 질세라 활발하게 우주날씨 연구를 진행하고 있다. 개중 어떤 분야는 우리나라가 전 세계에서 가장 앞서 나가고 있다. 예를 들면 우리나라는 코로나 물질방출 현상과 지자기폭풍을 연결하는 실험 모델을 가장 먼저 개발하고 있다.

우리나라에서 우주날씨를 연구하는 과학자들은 한국천문연구원과 각 대학교 천문우주학과의 대학원에 집중되어 있다. 주로 이곳에서 우주날씨 분야에 관한 기초 연구를 하고 있다. 또한 실용적으로 우주날씨 관련 실무를 수행하고 사람들에게 관련 정보를 실시간으로 전달해주는 정부기관들이 있다. 우리나라에는 우주날씨 연구를 수행하는 국가기관이 세 곳이나 된다. 진천에 있는 국가기상위성센터와 제주도에 있는 우주전파센터가 우주날씨에 대한 정보를 전달하고 있고, 내가 일하는 한국천문연구원에서도 태양, 자기권, 전리층을 연구하는 과학자들이 협력해 우주날씨를 연구하고 일상에서 바로 활용할 수 있는 실용적인 정보를 만들고 있다.

기상청에서 매일 날씨 예보 일지를 작성하는 것처럼, 한국천문연구원에서도 과학자들이 일주일씩 순번을 정해서 매일 '우주환경 예보 일지'를 작성한다. 이 예보 일지에는 우주날씨 3요소인 당일의 R, S, G 우주날씨 지수와 함께 3일 뒤까지 예측한 우주날씨 지수가 기록된다. 또한 그날 하루 동안의 종합적인 우주날씨의 개황도 기록한다. 우주날씨 예보 일지는 보통 한국천문연구원에서 내부적으로만 작성하고

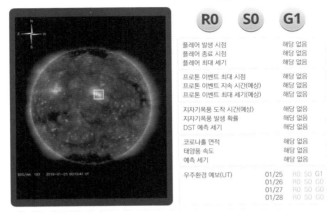

## Space Weather Report

작성일자: 2019년 01월 25일 00시 17분 [UTC]

| | R0 | S0 | G1 |
|---|---|---|---|
| 플레어 발생 시점 | | | 해당 없음 |
| 플레어 종료 시점 | | | 해당 없음 |
| 플레어 최대 세기 | | | 해당 없음 |
| 프로톤 이벤트 최대 시점 | | | 해당 없음 |
| 프로톤 이벤트 지속 시간(예상) | | | 해당 없음 |
| 프로톤 이벤트 최대 세기(예상) | | | 해당 없음 |
| 지자기폭풍 도착 시간(예상) | | | 해당 없음 |
| 지자기폭풍 발생 확률 | | | 해당 없음 |
| DST 예측 세기 | | | 해당 없음 |
| 코로나홀 면적 | | | 해당 없음 |
| 태양풍 속도 | | | 해당 없음 |
| 예측 세기 | | | 해당 없음 |

| 우주환경 예보(UT) | 01/25 | R0 S0 G1 |
| | 01/26 | R0 S0 G0 |
| | 01/27 | R0 S0 G0 |
| | 01/28 | R0 S0 G0 |

개요  태양면의 작은 활동 영역에도 불구하고 태양 활동은 안정적이며 지구 주변 고에너지 입자는 안정적인 상태를 유지하고 있음. 태양풍은 여전히 초속 약 600킬로미터로 속도가 증가되어 있는 상황이며 행성 간 자기장의 상태에 따라 25일 G1 규모의 자자기폭풍이 발생할 가능성이 있으며 26일에는 다시 안정적인 상태가 될 것으로 예상됨.

2019년 1월 25일의 우주환경 예보 일지. R0, S0, G1인 우주날씨와 향후 3일간의
우주날씨 변화에 대한 예보 내용을 나타내고 있다. 맨 아래쪽에 간단하게 당일 우주날씨의 개요를 작성한다.

보관하지만, R, S, G 지수 중 어느 하나라도 3단계 이상이 되어 우주날씨 상황이 위험한 수준이 되면 우주날씨 정보에 민감한 여러 기관에 보낸다.

또한 한국천문연구원에서는 매주 월요일마다 우주날씨를 연구하는 30여 명의 과학자가 우주환경 감시실에 모여 지난 일주일 동안 일어난 우주날씨의 변화를 토론하고, 지난주에 작성된 우주날씨 예보 일지를 전반적으로 리뷰한다. 일주일 동안 태양폭발이 있었는지, 태양

표면에 흑점이 발생했는지, 발생했다면 지구에 미치는 영향은 무엇인지 등이 주요 토론 주제다. 우주날씨에 관심이 많은 공군이나 주변의 연구기관에서 이 회의에 비정기적으로 참석하기도 한다.

　우주날씨 정보가 필요한 곳은 매우 다양하고 그 수도 많다. 인공위성을 운용하는 한국항공우주연구원이 있고, KT나 SKT처럼 인공위성을 활용한 통신 서비스를 제공하는 통신사도 있다. 최근에는 대한항공, 아시아나항공 같은 항공사도 우주날씨에 민감하다. 전통적으로 군에서도 관심이 많은데, 위성통신이 보급되지 않았을 때부터 군대는 단파통신을 이용했고, 지금도 전리층을 활용한 단파통신을 사용하기 때문에 육군, 해군, 공군 모두 우주날씨 정보에 매우 민감하다. 최근 공군은 우주기상 전문 대대를 준비하고 있다. 미국 공군의 우주기상 부대의 역할이 미국 내 우주날씨 연구에 중요한 부분을 담당하고 있는 것을 보고 시작된 일이다. 공군 비행사들과 값비싼 무기들을 보호하려면 군도 우주날씨를 잘 알아야 한다. 이밖에 기무사, 국정원 등의 일급 정보기관들도 우주날씨에 대한 정보를 요청한다. 군 정찰위성이나 미사일 등의 보안을 요하는 시설들도 우주날씨로부터 보호받아야 하고, 어떤 일이 일어난 경우 적국의 방해공작(?) 때문인지 자연재해 때문인지 파악할 필요가 있기 때문이다.

　우주날씨 정보는 로켓을 발사할 때도 매우 중요하게 고려해야 할 요소다. 2013년 1월 30일 우리나라 최초의 우주발사체인 나로호가 발사될 때도 우리 팀은 중요한 역할을 했다. 우리 연구팀은 지상 근처의

보현산 1.8미터 광학망원경

태양플레어 망원경

경상북도 영천시에 위치한 보현산천문대에서 지자기 측정기를 묻은 장소를 사진의 빨간 점으로 표시했다. 왼쪽 아래에 있는 두 개의 빨간 동그라미 중 왼쪽 지점에는 플럭스게이트 자기장 측정기와 프로톤 센서 자기장 측정기가 묻혀 있고, 오른쪽 지점에는 MI 센서 자기장 측정기가 묻혀 있다. 이렇게 표시해두지 않으면 설치한 나조차도 찾기가 힘들 정도로 인적이 드문 산길에 묻혀 있다. 외부인의 관심을 끌지 않아야 장비가 무사하기 때문이다.

기상 요소와 함께 우주날씨 정보를 제공해 나로호를 발사하기에 최적의 날을 택하도록 했다. 발사 당일에는 우주날씨를 알려주는 모니터링 시스템을 구축하여 당시 과학기술부에 실시간으로 우주날씨 정보를 제공했다. 인공위성 발사에 성공한 후에도 인공위성이나 통신에 장애가 생기면 즉시 우리 연구소에 문의가 들어온다. 이 문제가 위성 자체의 고장인지 아니면 우주날씨에 의한 자연재해인지 가장 먼저 판단해야 하기 때문이다. 최근에는 일반인과 언론들도 우주날씨에 대한 관심이 높아져서 우주에서 일어나는 이벤트들에 대해 자주 문의한다. 덕분에 전화 받느라 바쁘긴 하지만 이런 관심이 높아져야 연구를 계속할

보현산천문대에 설치한 지자기 측정기 센서 세 종. 왼쪽부터 차례대로 플럭스 게이트 센서, MI 센서, 프로톤 센서 타입의 지자기 측정기다. 이 지자기 측정기들의 센서 부분은 땅속 1미터 깊이에 묻혀 있고, 자료는 보현산의 태양 관측동으로 실시간으로 들어온다.

수 있는 지원이 생기니 성심을 다해서 답변한다.

우주날씨 이벤트 중 대표적인 현상은 태양 표면에서 고에너지 물질들이 뿜어져 나오는 코로나 물질방출이나 태양플레어다. 이 여파가 지구에 도착하면 지구 주변을 돌고 있는 인공위성에서 관측되는 입자들의 양이 짧은 시간 안에 급증하고 지구 주변의 자기장값이 크게 요동친다. 자기장의 교란이 큰 규모라면 지상에서 측정하는 자기장 측정기까지도 자기장 교란을 크게 기록한다. 과학자들은 이런 상황을 '지자기폭풍이 지구에 도착했다'고 표현한다. 나는 한국천문연구원 태양우주환경그룹에서 운영하는 다양한 우주날씨 관측용 지상 장비 중에서 지자기 측정기를 담당하고 있다.

2007년부터 현재까지 지자기폭풍을 감시하기 위해 나는 지자기 측정기를 직접 설치해서 운영하고 있다. 플럭스 게이트 센서, 프로톤 센서, MI 센서 등 세 종의 센서를 사용한 측정기인데, 각 지자기 센서

한국천문연구원 본원에 있는 우주환경 감시실. 위성에서 촬영한 태양의 움직임을 실시간으로 보면서 연구한다. 이곳은 우리 연구팀이 개발한 우주환경 감시 시스템과 관측기들의 실시간 데이터 전송, 북극항로 우주방사선 감시, 정지궤도 우주환경 감시 등을 모니터링한다.

는 측정할 수 있는 자기장 측정값의 범위가 다르고, 따라서 측정할 수 있는 지구 자기권 파동의 종류가 다르다. 나는 이 측정기를 보현산천 문대 주변 산책로에서 한참 떨어져 있는 외진 야산 산비탈에 잘 묻어 두었다. 금속물질로 만들어진 장비 일체는 외부인의 눈길이 닿지 않도 록 잘 은폐했다. 요즘에는 등산로가 아닌 산비탈에도 외부인들이 자주 출입하면서 금속성 물질들이 도난당하거나 파손되는 일들이 많아져 서다. 그래서 될 수 있으면 찾아가기 어려운 험난한 비탈길에 센서를 심어두고 나뭇가지와 돌로 잘 가려둔다. 그런데 너무 잘 가려두었더니 오랜만에 방문하면 직접 설치한 나조차도 센서가 어디에 묻혀 있는지 한참 찾아야 할 지경이 되었다.

보현산 지자기 측정기가 측정한 지구 자기장값은 실시간으로 대전에 있는 한국천문연구원 본원 3층의 우주환경 감시실로 들어온다. 실제로 이 방이 우리나라 우주환경의 종합통제실인 셈이다.

## ● 전 세계의 우주날씨 예보

태양과 지구 사이에서 일어나는 다양한 현상들이 지구에 미치는 영향은, 우리나라나 다른 나라들 모두에 똑같은 걱정의 대상이 된다. 그야말로 지구촌 한 가족이다. 기후변화에 대한 대응이 나라마다 다를 수가 없듯이 우주날씨도 온 인류가 다 같이 공동으로 대응해야 할 문제다. 전 세계에서 우주날씨를 연구하고 예보하는 곳들을 간단히 소개하고 이 장을 마무리하겠다. 앞으로 우주날씨를 공부하고 싶거나 우주날씨에 관심이 있다면 지금 소개하는 기관들의 활동을 주목하기 바란다.

미국, 유럽, 오스트레일리아, 일본 등 대부분의 선진국은 우주날씨 연구의 중요성을 먼저 인식하고 우리보다 한발 앞서 연구를 시작했다. 이 나라들은 여전히 우주날씨 연구 분야에서 중요한 영역들을 주도하고 있지만, 최근 우리나라와 중국 등에서도 많은 연구자가 우주날씨 연구에 열정적으로 참여하고 있다.

우주탐사를 가장 열심히 하는 미국은 우주날씨 분야에서도 가장 앞서 있다. 미국은 이미 1996년부터 국가가 주도하여 우주환경 연구 프로그램을 만들고 꾸준히 관련 기술을 개발하고 있다. 미국에서도 가장 먼저 연구를 시작한 곳은 미국 기상청 산하의 미국 해양대기청National Oceanic and Atmospheric Administration, NOAA이다. NOAA의 소속 기관 중 하나인 우주환경예보센터가 우주날씨에 관련된 기초 연구부터 응용까지 전반적인 일을 담당하고, 전 세계의 우주날씨 관련 업무에서 국제 기준이 되는 연구 결과들을 계속 내놓고 있다. 앞서 소개한 우주날씨 변화의 기준이 되는 R, S, G 지수를 그 영향별로 표준화한 곳도 NOAA의 우주환경예보센터다. 오늘날 전 세계의 우주날씨 업무 담당자들은 NOAA 우주환경예보센터에서 생성한 R, S, G 지수를 기본으로 예보 활동을 하고 있다. 이곳은 나와도 인연이 있다. 2017년 4월에 내가 개발한 항공기 우주방사선 예측 모델KREAM이 NOAA 우주환경예보센터 내부 서버에 이식되었기 때문이다.

일본에서는 일본 전자통신연구소National Institute of Information and Communications Technology, NICT가 우주환경정보센터를 운영하면서 종합적인 우주날씨 정보를 제공하고 있다. 오스트레일리아에서는 오스트레일리아 기상청Bureau of Meteorology, BOM에서 우주날씨서비스센터를 만들어서 우주날씨 정보를 제공한다. 오스트레일리아는 세계에서 가장 오래된 우주날씨 예보 역사를 자랑한다. 오스트레일리아에서 1940년대부터 전리층에서 곧잘 일어나는 단파통신 장애에 대한 정보를 제공하던 '전리층 예측 서비스'가 사실상 전 세계 우주날씨 예보의 시작이다. 유럽연합에서는 우주날씨서비스네트워크Space Weather Service Network, SWSN가 모든 회원국에 우주날씨에 대한 정보를 제공하고 있다.

이렇듯 각국에서 독립적으로 우주날씨를 연구하고 예보하고 있지만, 국제 협력을 통한 연구와 교류도 활발하다. 이러한 국제 위원회 중 대표 격이 바로 미국 NOAA에서 주관하고 전 세계 15개 국가가 '지역 예·경보 센터'를 구성하여 참여하고 있는 국제 우주환경서비스기구International Space Environment Service다. 이 기구는 하루 24시간 동안 태양 활동을 감시하면서 관련 정보를 회원국들의 지역 센터에 실시간으로 제공한다. 우리나라에서는 제주도에 있는 국립전파연구원 소속의 우주전파센터가 지역 예·경보 센터로 참여하고 있다.

세계적인 차원의 우주날씨 공동 연구의 역사는 100년도 더 전에 시작됐다. 극지방을 관측하기 위한 국제적인 노력이 19세기부터 계속되어왔는데, 1882~1883년과 1932~1933년 두 차례에 걸쳐 전 세계적으로 국제극지연구년International Polar Year, IPY 프로젝트가 수행되었다. 극지연구는 제2차 세계대전이 끝난 후에도 계속 이어져 시드니 채프먼을 비롯한 몇 명의 우주과학자들이 미국 물리학자 제임스 밴 앨런의 집에서 회의를 열어 새로운 연구 프로젝트를 시작했다. 1957~1958년에 추진된 국제지구물리관측년International Geophysical Year, IGY이다. 그때는 마침 태양 활동 극대기여서 이에 맞춰 오로라, 대기광, 우주선, 지구 자기장, 중력, 전리층, 측지, 기상학, 해양학, 지진, 태양 활동 등 11개 연구 분야가 선정되었다. 이 프로젝트도 범세계적으로 진행되어 1957년

7월부터 1958년 12월까지 1년 6개월 동안 전 세계 67개국이 참가했다.

이 기간에 지구 주변 우주환경을 탐색할 목적으로 구소련이 최초의 인공위성 스푸트니크 1호를 발사했고, 미국도 이에 뒤질세라 3개월 후 익스플로러 1호를 발사했다. 본격적인 우주시대가 열린 것이다. 게다가 우주 경쟁에서 소련에 한발 뒤진 미국은 이 일을 계기로 미국항공우주국NASA을 설립했다. 이 기간에 얻은 가장 큰 과학적 성과라면 바로 우주날씨 분야에서 매우 중요한 연구 주제인 밴앨런대를 최초로 관측한 것이다. 국제지구물리관측년은 인류가 국경을 넘어 국제 공동으로 수행한 연구 가운데 가장 성공적인 사례 중 하나다. 이 프로젝트의 성공은 50년 뒤 2007년부터 2008년에 걸쳐 수행된 국제태양권관측년 Intranational Heliospheric Year, IHY 프로젝트로 이어지면서 태양계뿐 아니라 태양권 전체 영역에 관한 연구로 확장되었다. 역사적인 국제 공동 연구의 성공과 협력 체계 구축의 경험들은 이후 국제우주날씨기구International Space Weather Initiative, ISWI가 만들어지는 데 큰 역할을 했다. 국제우주날씨기구에는 우리나라도 정식으로 가입해 있다.

미국 해양대기청은 우주날씨의 3요소인 전파, 입자, 자기장을 나타내는 지수를 만들고 등급을 나누었다. 현재 우주날씨를 예보하는 나라들은 모두 이 지수의 등급을 예보하는 데 초점을 맞추고 있다. 태양 전파폭풍 지수R는 주로 통신에 영향을 미치고, 태양 방사선폭풍 지수S는 태양에서 오는 고에너지 입자로 인한 우주방사선과 관련 있다. 지자기폭풍 지수G는 지구에서 측정하는 지구 자기장이 교란되는 정도를 나타낸다. 각 등급은 아무 일도 없이 조용한 시기를 0으로 두고, 교란의 크기는 가장 약한 세기의 1부터 강한 세기의 5까지 다섯 개의 세기로 나뉘어 있다. 태양 활동에 따른 등급을 표로 나타내면 다음과 같다.

우주환경 지수에 따른 물리적인 내용과 강도

| 종류 | 내용 | 강도 |
|---|---|---|
| **태양 전파폭풍 지수에 따른 등급** | 태양으로부터 방출된 엑스선의 세기에 따라 전리층이 얼마나 교란되는가? | R1 → R2 → R3 → R4 → R5 |
| **태양 방사선폭풍 지수에 따른 등급** | 태양에서 방출된 고에너지 입자의 개수가 증가하는 데 따라 우주방사선이 얼마나 증가하는가? | S1 → S2 → S3 → S4 → S5 |
| **지자기폭풍 지수에 따른 등급** | 급속한 태양풍에 의해 지구 자기장이 얼마나 교란되는가? | G1 → G2 → G3 → G4 → G5 |

## 태양 전파폭풍 등급

| 강도 | 인체, 항법, 통신에 미치는 영향 |
|---|---|
| R5 | • 태양을 볼 수 있는 전역에 걸쳐 몇 시간 동안 고주파 무선통신에 교란이 발생할 수 있다.<br>• 운항 중인 항공기와 고주파 통신을 할 수 없다.<br>• 태양을 볼 수 있는 전역에 걸쳐 몇 시간 동안 저주파 무선 항법장비에 오작동이 발생해 위치를 확인하는 데 지장을 줄 수 있다.<br>• 태양을 볼 수 있는 전역에 걸쳐 몇 시간 동안 위성항법장치에 오차 발생이 증가한다. |
| R4 | • 태양을 볼 수 있는 대부분의 지역에 걸쳐 1~2시간 동안 고주파 무선통신에 교란이 발생할 수 있다. 이 기간 동안 고주파 무선교신은 불가능하다.<br>• 1~2시간 동안 저주파 항법 신호 두절로 위치에 대한 오차가 심해진다.<br>• 태양을 볼 수 있는 지역에서 위성항법장치에 미미한 장애가 발생할 수 있다. |
| R3 | • 태양을 볼 수 있는 넓은 지역에 걸쳐 약 1시간 동안 고주파 무선통신이 교란되고 통신이 두절될 수 있다.<br>• 약 1시간 동안 저주파 항법 신호에 불량이 생길 수 있다. |
| R2 | • 태양을 볼 수 있는 지역에서 수십 분 동안 제한적이나마 고주파 무선통신이 교란되고, 통신이 두절될 수 있다.<br>• 수십 분 동안 저주파 항법 신호에 불량이 생길 수 있다. |
| R1 | • 태양을 볼 수 있는 지역에서 미미하지만 고주파 무선통신의 품질이 저하되고, 간헐적으로 통신 두절이 발생할 수 있다.<br>• 잠깐 동안 저주파 항법 신호에 불량이 발생할 수 있다. |

## 태양 방사선폭풍 등급

| 강도 | 인체, 항법, 통신에 미치는 영향 |
|---|---|
| S5 | • 고위도 지역에서 높은 고도로 비행하는 항공기의 승객과 승무원은 과다 방사선에 노출될 위험이 있다.<br>• 북극 지역에서 고주파 무선통신이 두절될 수 있다.<br>• 위치 오차가 발생하여 자동항법 비행이 매우 어려워진다. |
| S4 | • 고위도 지역에서 높은 고도로 비행하는 항공기의 승객과 승무원은 방사선 위험에 노출될 수 있다.<br>• 북극 지역에서 고주파 무선통신이 두절될 수 있다.<br>• 일정 기간 동안 항법장치 오류가 발생할 수 있다. |

| S3 | • 고위도 지역에서 높은 고도로 비행하는 항공기의 승객과 승무원은 방사선 위험에 노출될 수 있다.<br>• 북극 지역에서 고주파 무선통신 품질이 떨어질 수 있다.<br>• 항법장치에서 위치 오류가 발생할 수 있다. |
| --- | --- |
| S2 | • 고위도 지역에서 높은 고도로 비행하는 항공기의 승객과 승무원은 방사선 위험에 노출될 수 있다.<br>• 북극 지역에서 고주파 무선통신에 경미한 영향이 있다.<br>• 북극점 주변에서 항법장치에 영향을 미칠 수 있다. |
| S1 | • 인체에 미치는 영향이 미미하다.<br>• 북극 지역에서 고주파 무선통신에 미미한 영향이 있다. |

## 지자기폭풍 등급

| 강도 | 인체, 항법, 통신에 미치는 영향 |
| --- | --- |
| G5 | • 위성 방향 조정, 송수신과 추적 기능에 이상이 발생한다.<br>• 고주파 무선 신호 송수신이 1~2일간 불가능해진다.<br>• 저주파 무선 항법 비행이 몇 시간 동안 불가능해진다. |
| G4 | • 위성 추적 기능에 이상이 발생하고, 방향 조정에 문제가 생길 수 있다.<br>• 고주파 무선신호 송수신이 불안정해진다. 위성 항법 역시 몇 시간 동안 불안정해진다.<br>• 저주파 무선 항법 비행이 몇 시간에 걸쳐 불가능해진다. |
| G3 | • 저고도 궤도 위성에 공기 저항에 의한 항력$^{drag}$이 증가하고, 이에 따라 위성에 궤도 오차가 발생한다.<br>• 위성의 방향 조정 기능에 이상이 발생할 수 있다.<br>• 간헐적으로 위성항법장치에 이상이 생길 수 있고, 저주파 무선 항법장치에도 이상이 생길 수 있다.<br>• 고주파 무선 송수신이 불안정하다. |
| G2 | • 위성의 방향과 궤도를 수정할 필요가 있다.<br>• 고위도 지역에서는 고주파 무선 송수신이 힘들어진다. |
| G1 | • 위성 운영에 미미하지만 영향이 있을 수 있다. |

# 4

## 폭발하는 태양으로부터
## 인공위성을 구하라!

# 드라마 주인공이 된 대학원생

한국과학기술원(카이스트) 물리학과 대학원 시절 나는 인공위성에 실리는 우주물리 탑재체를 직접 만들었다. 그렇게 인공위성과 인연을 맺기 시작했고, 이 인연은 우주날씨 연구로 이어졌다. 그때만 해도 물리학 전공자가, 게다가 여성이 하드웨어 제작에 직접 참여한 경우가 드물었기 때문에 지금 생각해도 특별한 일화가 많다. 그중에서도 신기한 경험이라면 내가 TV 드라마 주인공의 모델이 된 일을 꼽을 수 있다.

내가 대학원생으로 인공위성연구센터(현재의 인공위성연구소)에서 근무하던 1999년부터 이듬해인 2000년까지 SBS에서 〈카이스트〉라는 드라마가 인기리에 방송됐다. 미국 드라마 〈하버드대학의 공부벌레들〉에 필적할 만한 드라마라고 해서 대단한 인기를 누렸던 것으로 기억한다. 하버드 로스쿨 학생들의 이야기를 담은 〈하버드대학의 공부벌레들〉은 1984년에 국내에서 방송되기 시작해 폭발적인 인기를 모았다. 이공계 학생들의 이야기를 담은 〈카이스트〉에서는 축구로봇을 만드는 전자공학과 학생들과 인공위성을 만드는 인공위성연구센터 학생들이 핵심 스토리를 만들어갔다. 이 드라마에 등장하는 여러 인물 가운데 물리학과 학생이자 인공위성연구센터에 출근하며 인공위성을 만드는 여학생 캐릭터가 한 명 있다. 똑똑하고 주관이 분명하지만 4차원의 '똘끼' 있는 민경진이란 인물이다. 드라마가 종영된 지 한참이나 지난 나중에 알고 보니 배우 강성연 씨가 맡은 이 캐릭터가 나와 비슷했다. 몇 년 전까지만 해도 카이스트 공식 홈페이지에는 "드라마 〈카이스트〉의 실제 주인공인 황정아 박사는 현재 한국천문연구원에 재직 중이다"라는 소개 문구도 올라와 있었다. 우리 실험실 선배들 중 몇몇이 드라마 시나리오의 집필 작업을 직접 도왔기에 현실 속 인물과 실제 이야기들이 드라마에 그대로 투영된 것이다.

정작 드라마가 방영되던 당시 나는 이제 막 실험실에 들어간 막내였고 많은 일들을 배우느라 정신이 없어서 드라마를 제대로 본 적이 없었다. 오랜 시간이 지나 한국천문연구원에 입사하고 겨우 한숨 돌리게 돼서야 내가 드라마 등장인물의 실제 모델이었다는 사실을 알게 되었다. 드라마가 방영될 때 알았더라면 제대로 챙겨 보았을 거라는 아쉬움이 든다. 드라마가 방영된 지 20년이나 되었음에도 여전히 그 드라마와 주인공들을 기억하는 사람들을 만나는데, 방송의 힘이 대단하다고 느낀다. 가끔은 나에게 정말로 그 드라마의 실제 주인공이었냐고 묻는 분들도 있다. 그럴 때마다 본인이 외계인이라고 믿는 말도 안 되게 엉뚱한 4차원 천재 소녀 캐릭터가 나라고 내 입으로 말하기에는 민망해서 그냥 어색한 미소만 짓고 만다. 그렇지만 대본 작업에 직접 참여하여 이런 재미있는 경험을 안겨주신 선배님들을 꼭 찾아뵙고 감사 인사를 드려야겠다고 생각하고 있다.

## 내 첫 인공위성, 과학기술위성 1호

다른 과학 분야도 그렇겠지만, 물리학의 세부 전공 분야는 무척 다양하다. 카이스트 물리학과에도 다양한 분야의 교수님과 그 교수님의 수만큼 다양한 실험실이 있다. 나는 왜 하필 물리학의 수많은 분야 중에서도 인공위성을 만드는 우주과학 실험실을 선택했을까? 지금 생각해보면 내가 만든 인공위성이 우주로 나간다는 것, 나와는 완전히 다른 공간에 있으면서 내가 보낸 신호를 받아 명령을 수행하고, 또 그곳에서 지상에 있는 나에게 신호를 보낸다는 점에 큰 매력을 느꼈던 것 같다. 더욱이 직접 만든 물체가 실생활에 유용하게 쓰인다는 점도 매우 큰 자긍심을 갖게 해주었다. 내 손으로 만든 물체가 내가 원하는 대로, 내가 내린 명령대로 움직인다니! 더군다나 그 물체가 활동하는 공간은 우주다. 밤하늘의 별처럼 항상 내 머리 위에 있을, 내가 만든 인공위성. 생각만 해도 신나는 이 일을 실제로 할 수 있다니 얼마나 매력적인가!

내가 일을 배운 곳은 카이스트 인공위성연구센터였다. 인공위성을 만드는 프로젝트에 일꾼으로 뽑혀 학위 과정 내내 카이스트 자연과학동에 있는 물리학과 우주과학 실험실과 인공위성연구센터 실험실을 왕복했다. 낮에는 실무진들로부터 하드웨어 일을 배우고, 밤에는 물리학과의 내 자리로 돌아와 연구 논문을 위해 공부했다. 말 그대로 주경야독이었다. 그렇게 석사와 박사 과정을 보내면서 과학기술위성 1호의 우주물리 탑재체를 제작했다.

우리나라에서 처음으로 우주로 올라간 인공위성은 1992년 카이스트 인공위성연구센터에서 개발한 우리별 1호KITSAT-1다. 우리별 1호는 우리나라 연구자들이 영국의 서리대학교에 파견되어 그곳 위성 전문가들의 어깨너머로 배워서 가까스로 만든 인공위성이다. 우리나라 위성 개발 분야의 1세대라고 할 수 있는 당시 인공위성연구센터의 연구원들이 외국 기술을 국내에 들여와 디자인도 거의 똑같이 만든 인공위성이 바로 1993년에 발사된 우리별 2호KITSAT-2다. 하나는 영국에서, 하나는 우리나라에서 만들었다는 점만 빼면 모든 것이 거의 똑같은 우리별 1호와 우리별 2호는 무게 50킬로그램, 가로와 세로, 높이가 각각 35센티미터, 35센티미터, 67센티미터이며, 둘 다 주 탑재체가 두 대의 카메라다. 우리별 2호는 비록 우리별 1호의 복제판이라는 한계는 있지

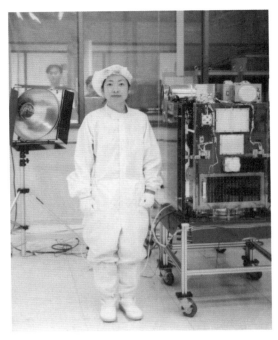

2003년 9월 카이스트 인공위성연구센터의 청정실에서 과학기술위성 1호와의 마지막을 기념하며 사진을 찍었다. 촬영 후 이 위성은 러시아의 발사 기지로 보내졌고, 우리는 다시 만나지 못했다.

만, 우리 기술자들의 손으로 우리나라 땅에서 직접 만든 인공위성이라는 커다란 의미가 있다.

그런 의미에서 1999년에 발사된 우리별 3호[KITSAT-3]가 우리나라 기술로 만든 첫 번째 위성이라고 할 만하다. 우리별 3호부터는 국내 연구자들의 독창적인 아이디어를 적용해 완전히 다른 설계로 만들었기 때문이다. 우리나라의 인공위성 기술은 사실상 이때부터 자립했다고 봐야 할 것이다. 우리별 3호는 110킬로그램의 무게에 가로, 세로, 높이가 각각 50센티미터, 60센티미터, 84센티미터로 크기가 우리별 1호와 2호의 두 배에 달한다. 여기에 기존에 달렸던 카메라 외에도 우주 플라스마를 진단할 수 있는 장비들인 고에너지 입자 검출기와 전자 온도 센서를 추가로 탑재했다. 이 우주물리 탑재체를 만든 사람들이 내가 졸업한 카이스트 물리학과 실험실의 교수님과 선배들이었다. 당시만 해도 우리나라에서 유일하게 우주물리 플라스마 탑재체를 제작할 수 있는 학교에서 제대로 기술을 전수받았다는 점에서, 나는 늘 내가 운이 좋았다고 생각한다.

'우리별' 시리즈는 우리나라 과학위성 1세대라고 할 수 있다. 이후의 과학위성 시리즈는 '과학기술위성'으로 이름이 바뀌었고, 현재의 '차세대 소형 위성'으로 이어진다. 1992년 8월 11일 우리별 1호를 성공적으로 발사한 우리나라는 세계에서 22번째 인공위성 보유국이 됐으며, 우주개발 연구도 본격적으로 활기를 띠게 되었다. 우리별 위성의 발사는 러시아가 스푸트니크 1호를 발사한 1957년보다 35년, 미국이 익스플로러 1호를 발사한 1958년보다 34년 뒤진 기록이다. 실제로 우리나라의 우주개발 기술은 우주개발 선진국과 30여 년의 격차가 있다. 하지만 짧은 우주개발 역사에도 불구하고 우리나라 과학자들은 벌써 우주발사체를 개발하고 있다. 2018년에는 발사체의 핵심이라고 할 수 있는 엔진의 성능 시험도 성공했다. 우주개발 기술은 국가 간 기술이전이 전혀 불가능하다. 상황이 이렇기에 단기간에 큰 도약을 이뤄낼 수 없는 분야다. 하지만 우리나라는 온전히 우리 힘으로 한 걸음 한 걸음 확실하게 앞으로 내딛고 있다.

과학기술위성 1호는 내 인생의 첫 인공위성이다. 과학기술위성 1호에는 모두 네 종의 우주물리 탑재체 세트가 탑재되었다. 고에너지 입자 검출기, 저에너지 입자 검출기, 랭뮤어 프로브Langmuir Probe, LP(플라스마의 전자온도, 전자밀도, 전기적 포텐셜을 측정하는 장비), 자기장 측정기다. 그중 내가 전담해서 개발한 것은 실리콘 센서를 사용한 고에너지 입자 검출기다. 고에너지 입자 검출기는 단위시간 동안 장치에 부딪치는 전자의 개수와 에너지를 측정한다. 내가 설계한 입자 검출기는 50~500 킬로전자볼트 에너지 대역에 해당하는 상대론적 전자들의 에너지와 플럭스를 관측할 수 있었다. 이 에너지 대역의 전자들이 중요한 이유는 밴앨런대 입자들을 구성하고 있는 수 메가전자볼트 대역의 고에너지 전자들을 만드는 데에 이 수백 킬로전자볼트 대역의 상대론적 전자들이 씨앗 역할을 해주기 때문이다. 과학기술위성 1호는 나의 첫 인공위성이었을 뿐 아니라 탑재체 제작 작업으로 석사학위와 박사학위 논문을* 쓸 수 있게 해주었다. 내 박사학위 논문 주제는 밴앨런대의 씨앗 전자 연구였다.

---

*      내 카이스트 물리학과 석사학위 논문은 〈Development of Solid-State Telescope for measuring high energy electrons in polar region(극지방에서 고에너지 전자 검출을 위한 고에너지 입자 검출기 개발)〉이고, 박사학위 논문은 〈Dynamics of Relativistic Electrons: Seed Electrons and Wave-Particle Interactios in the Inner Magnetosphere(상대론전자들의 동역학: 지구 자기권에서 씨앗 전자와 파동-입자 간 상호작용)〉이다.

인공위성은 만들 때마다 새로운 디자인과 설계를 적용하기 때문에 디자인부터 완제품까지 거의 수공업으로 제작된다. 극한 환경인 우주에서 작동해야 하는 만큼 각 부품이 혹독한 환경 테스트를 거쳐야 하는데, 대부분이 이 위성만을 위한 특화된 부품이어서 테스트도 이만저만 큰일이 아니다. 보드를 설계하고 이 전자보드가 제대로 작동하는지 확인하려면 실험실 수준에서도 동작 테스트를 완벽히 통과해야 한다. 이 단계를 엔지니어링 모델Engineering Model, EM 단계라고 한다. 이후 우주환경과 유사하게 만든 진공 챔버 안에서 진동, 열, 방사능 환경 등을 견딜 수 있는지 성능 테스트를 한다. 이 단계를 인증 모델Qulification Model, QM 단계라고 한다. 이렇게 전자보드 레벨에서 성능을 검증하고 우주환경에서 살아남는 능력을 모두 확인한 다음에야 설계를 확정짓고 실제로 우주를 유영할 비행 모델Flight Model, FM을 제작할 수 있다.

모든 위성은 이렇게 적어도 세 단계EM-QM-FM의 본체-탑재체 세트를 만들어야 한다. 따라서 미션을 설계하고, 제작하고, 위성을 궤도에 올린 후 정상 운용하고, 그 자료를 인공위성에서 지상국으로 내려 받아 연구 논문을 쓰기까지 최소 10년은 걸리는 장기 프로젝트가 된다. 과학기술위성 1호도 나와 이렇게 10년 가까운 시간을 보냈다.

2014년 2월 극장판 애니메이션 〈우리별 일호와 얼룩소〉가 개봉했다. 잘 알려지지 않은 영화지만 우리별 일호의 목소리 연기는 배우 정유미가, 얼룩소의 목소리 연기는 배우 유아인이라는 유명 스타들이 맡았다. 이 영화는 흥행에서 그리 성공하지 못했어도 작품성만큼은 인

2014년 2월에 개봉한 극장판 애니메이션 〈우리별 일호와 얼룩소〉

정받았다. 2014년에는 판타지 장르 영화제로 최고의 권위를 자랑하는 시체스 국제판타스틱영화제에서 최우수 장편애니메이션상을 받았고, 부천 국제애니메이션 페스티벌 초청작에 포함되었다.

　우리별 1호가 우리나라 우주개발 역사에서 갖는 의미가 워낙 크고 중요하다 보니 이 위성을 소재로 영화까지 만들어졌다. 우주를 연구하고 인공위성을 만드는 과학자 입장에서 이런 영화가 나와주면 정말 감사하다. 그래서 영화 홍보에 조금이나마 도움이 되고 싶었는데,

마침 부천 국제애니메이션 페스티벌에서 이 영화를 홍보할 수 있는 기회가 생겼다. 내가 〈우리별 일호와 얼룩소〉를 소개하는 동영상은 지금도 유튜브에 있으니, 궁금하시면 검색을!

영화 내용을 간단히 소개하자면 이렇다. 이미 전원이 꺼진 지 오래되어 고철 상태로 우주공간을 돌고 있는 우리별 일호. 일호의 소원은 고향으로 돌아가는 것이다. 그런데 기적처럼 지구의 한 선한 마법사가 이 소원을 들어준다. 어느 순간 일호에 전원이 들어온다. 고철 상태로 지구로 들어올 수 없다고 생각한 일호는 인간 소녀의 모습으로 지구로 귀환한다. 그렇게 일호가 돌아온 곳이 카이스트 인공위성연구센터다. 뚜벅뚜벅 센터로 걸어 들어오는 일호. 내가 만든 과학기술위성 1호가 생각났다. 과학기술위성 1호가 저렇게 지구로 돌아온다면 얼마나 좋을까? 물론 현실에서는 불가능한 이야기지만 상상만으로도 설레고 기분이 좋아진다.

## 우주날씨에 민감한 인공위성

나는 과학자로서 입문 시기인 물리학과 대학원 시절에 인공위성을 만드는 일로 실험실 생활을 시작했기 때문에, 인공위성과 관련된 주제라면 무엇이든 관심 있었다. 대학원을 졸업하고 한국천문연구원에 정착해 일을 시작하면서 우주날씨 분야를 처음 접했는데, 우주날씨가 영향을 미치는 다양한 분야 중에서도 특히 인공위성에 미치는 피해에 관심이 쏠린 것은 나에게 당연한 일이었다.

우주날씨는 지구에 사는 인간에게도 영향을 미치지만, 우주에 나가 있는 인공위성에는 더 큰 영향을 미친다. 우주날씨를 연구하기 위해 인공위성 임무를 설계하기도 하지만, 발사한 인공위성을 안전하게 운용하기 위해 앞으로의 우주날씨를 염두에 두고 제작하기도 한다. 이처럼 근지구 우주공간의 물리적 상태를 나타내는 우주날씨와 인공위성은 떼려야 뗄 수 없는 관계다.

인공위성은 광활한 우주공간에서 스스로 작동해야 하므로 홀로 살아가기 위한 모든 생명유지 장치를 갖추고 있어야 한다. 우선, 수많은 전자부품의 집합체인 인공위성은 전력이 있어야 작동할 수 있다. 우주공간에서 인공위성에 전력을 공급해줄 유일한 존재는 바로 태양이다. 인공위성은 태양에서 오는 빛에너지를 전기에너지로 바꾸어 전력을 공급받으므로 태양전지판과 축전지의 전력공급 장치가 매우 중요하다. 또 스스로 자세를 잘 잡기 위해서 자세제어 장치가 필요하고, 위성체를 움직이게 하는 추력 장치도 필요하다. 여기에 더해 모든 부품을 지지하고 보호하는 구조물, 방송과 통신, 과학 임무 등의 주요 임무를 수행하는 탑재체 등도 필요하다. 이렇게 해서 인공위성의 본체spacecraft와 탑재체payloads의 구조를 이루는 부품의 수는 10만여 개나 되며, 우주공간에서 고장 날 경우를 대비해 항상 여유분을 갖추도록 설계된다.

규모에 따라 다르지만 내가 만든 100킬로그램 규모의 소형 위성인 과학기술위성 1호는 대략 수십 명의 과학자가 협업하여 작업했다. 물리학, 항공우주학, 기계공학, 전기전자공학, 전산학 등 다양한 분야의 전문가들이 최소 3년에서 5년에 걸쳐 성공적으로 협업해야 하나의 인공위성이 완성된다. 게다가 프로젝트가 시작되기 전 프로젝트의 임무를 설계하고 준비하는 데도 그만큼의 시간이 걸리고, 프로젝트가 끝나 위성이 정상적으로 궤도에 안착하고 자료를 성공적으로 송수신하는 상태가 된 후에도 수년 동안은 자료를 모아야 논문 연구도 할 수 있다. 따라서 한 기의 위성 프로젝트에 최소 10여 년은 걸리는 셈이다.

그런데 이는 지구 관측용 위성 이야기이고, 태양계의 다른 행성을 찾아 떠난 위성이라면 얘기가 또 달라진다. 2006년 1월 19일에 발사되어 10년 후인 2015년 7월 14일에 명왕성에 도착한 뉴호라이즌스 호가 그렇다. 뉴호라이즌스를 만든 과학자들은 임무 설계부터 제작, 위성의 긴 비행에서 명왕성 도착 이후 논문 작업까지 30여 년을 한 프로젝트에 매달리고 있다. 이렇다 보니 자신이 만든 인공위성이 제대로 동작하고 애초에 설계한 기대수명대로 우주공간에서 살아남는 문제는 과학자들에게 매우 절박한 사안이다.

그렇다면 인공위성의 수명은 어떻게 결정될까? 기본적으로는 궤도에 따라 달라진다. 궤도의 고도에 따라 태양을 만나는 횟수가 달라지기 때문이다. 지구 저궤도 위성은 수명이 3~5년 정도고, 좀 더 위쪽에 위치한 정지궤도 위성은 7~10년 정도다. 인공위성의 수명에 결정적인 영향을 미치는 것은 위성체에 전력을 공급하는 태양전지판이다.

전자제품에 전기가 제대로 공급되지 않으면 작동하지 않으므로 전력 공급을 위한 태양전지판의 효율은 굉장히 중요하다. 저궤도 위성이 지구 주위를 한 바퀴 도는 데 걸리는 시간은 대략 100분이다. 따라서 하루에 지구 주위를 14~15번쯤 도는데, 한 주기를 돌 때마다 절반은 태양을 정면으로 마주보는 지역에, 나머지 절반은 태양 반대편 지역에 들어간다. 태양전지판은 태양을 볼 때 충전하고 태양 반대편 지역에 들어서면 방전하는데, 문제는 충전과 방전을 반복하면 시간이 지날수록 충전 효율이 나빠진다는 점이다. 이렇게 시간이 갈수록 충전 효율이 떨어지는 태양전지의 수명이 위성의 수명을 결정한다.

이처럼 전력 공급의 효율이 떨어져 인공위성의 수명이 줄어드는 것은 자연스러운 현상이다. 인간으로 치면 자연적인 노화 현상이라고 할 수 있다. 하지만 예측하지 못한 갑작스런 사건 때문에 수명이 줄기도 한다. 인간으로 치면 사고를 당하거나 병에 걸리는 셈이다. 우주에서 인공위성에 이렇게 치명적인 것이 바로 우주방사선이다. 방사선은 지상에서도 생명체뿐 아니라 전자제품에 치명적인 피해를 입힐 수 있다. 하물며 우주에 나가 있는 인공위성에 심각한 위협이 되지 않을 수가 없다.

그러므로 인공위성을 설계할 때부터 임무 기간을 고려하여 방사선에 잘 견디도록 부품들을 선택한다(우주방사선에 관해서는 다음 장에서 본격적으로 이야기할 것이다). 인공위성에 치명적인 피해를 입히는 우주방사선은 태양에서 폭발이 일어난 후 고에너지 입자들이 폭발적으로 분출될 때 더 많아진다. 우주방사선은 앞에서 소개한 우주날씨의 3요소

가운데 태양 방사선폭풍 지수인 S 지수와 밀접하다. 인공위성을 안전하게 운용하려면 S 지수의 변화를 지속적으로 주의 깊게 관찰해야 한다. 위성의 자세를 잡는 데 자기장 측정값을 사용하기 때문에 S 지수 외에 지자기폭풍 지수인 G 지수도 중요하다. 이처럼 인공위성과 우주날씨의 관계는 매우 밀접하다.

　로켓은 인공위성을 목표 궤도에 정확히 운반하고 안착시키는 역할을 한다. 로켓 제작 기술은 인공위성 제작 기술과는 별도로 매우 복잡하고 힘든 일이다. 우리나라는 최근에야 비로소 로켓 발사에 성공했다. 바로 나로호다. 2013년 1월 30일 전라남도 고흥에 있는 나로우주센터에서 나로호$^{KSLV-1}$가 발사되었다. 당초 나로호에 실려 있던 인공위성은 내가 만든 위성의 바로 다음 위성인 과학기술위성 2호였다. 하지만 2009년과 2010년 두 번의 발사 실패로 과학기술위성 2호는 대기권에서 불타 없어졌고, 2013년의 세 번째 시도에서 드디어 발사에 성공한 나로호에 실린 인공위성이 나로과학위성이다. 나로우주센터에서 나로과학위성이 성공적으로 발사되면서 우리나라는 세계에서 11번째로 자국 기술로 우주발사체를 발사할 수 있는 나라가 되었다. 2013년 기준으로 우리나라의 1인당 GDP가 전 세계에서 33위였으니 GDP 대비 우리나라의 우주 기술은 매우 앞서 있었다고 할 수 있다.

　로켓을 발사할 때도 우주날씨를 반드시 고려해야 한다. 로켓은 지상에서부터 인공위성의 최종 목적지인 고도 500킬로미터(저궤도 위성의 경우)까지 인공위성을 안전하게 데려다 놓는다. 보통 지상에서 100

○ 종합의견

- 현재 태양 활동은 조용한 상태를 유지하고 있으며, 당분간 이러한 상태를 유지
할 것으로 예상됨.
- 8월 19일경 코로나 홀에 의한 미약한 우주폭풍이 예상됨.
- 이번 경우는 우주폭풍의 총 5단계 중 두 번째 단계에 해당하며, 위성체 발사에는
지장이 없을 것으로 고려되지만, 지속적인 주의가 필요함.

○ 오늘의 우주환경 영향

○ 우주환경 현황 및 예보

나로호의 성공적인 발사를 위해 한국천문연구원에서 제작한 우주환경 현황 및 예보 종합 안내 페이지.
이렇게 제작된 안내판은 당시 발사 날짜를 최종 결정하는 데 유용하게 쓰였다.

킬로미터까지는 기상청에서 담당하는 날씨로 생각하고, 고도 100킬로미터가 넘어가면 우주로 간주하므로 여기서부터의 날씨는 우주날씨가 된다. 실제로 우주날씨 때문에 로켓 발사가 미뤄진 예들이 많다. 미국에서는 2001년 9월 24일에 발사 예정이던 로켓 아테나 1이 태양폭발로 고에너지 입자가 증가하자 발사를 연기했다. 미국항공협회는 50메가전자볼트 이상의 고에너지 입자의 양이 100pfu^particle flux unit(단위면적당counts/cm², 단위초당counts/sec, 단위각도당scounts/sr 들어 있는 입자의 개수) 이상이 되면 발사를 연기하라고 권고한다.

2003년 10월에 발생한 할로윈 폭풍이 인공위성 본체와 탑재체들에 미친 영향을 나사에서 정리한 목록에 따르면 당시 34개의 위성 가운데 59퍼센트의 위성 본체와 18퍼센트의 탑재체가 피해를 입었다(뒤쪽에 이 목록을 실었다). 피해는 시스템 오류부터 태양전지판 수명 감소, 그에 따른 위성 자체의 수명 감소 등으로 다양하고 광범위했다. 이렇게 단 한 번의 태양폭발로 인한 우주폭풍도 많은 인공위성에 피해를 입힐 수 있다. 심하면 10여 년 동안 공들여 만든 인공위성이 일시에 못 쓰게 돼버린다. 많은 과학자들이 오랜 시간 매달려 만든 인공위성이 한순간에 망가지는 일은 인공위성을 만든 과학자에게도, 인공위성 개발을 위해 물질적, 제도적으로 지원해준 정부에게도, 결국 그 비용을 세금으로 지불하는 국민에게도 엄청난 손실이다. 따라서 우주날씨를 이해하고 제대로 예측해서 피해를 사전에 예방하는 일은 우리 모두에게 반드시 필요한, 매우 중요한 일이다.

가끔씩 일반인들을 대상으로 우주날씨와 인공위성에 관해 강연을 한다. 그때마다 청중에게 혹시 알고 있는 인공위성의 이름이 있느냐고 묻는다. 대부분은 아리랑 위성이나 천리안 위성 등을 꼽는다. 아무래도 언론이나 방송에서 실용 위성 등에 대한 소식들을 종종 전해주는 덕분이다. 아리랑 위성은 1999년에 1호가 발사된 지구 관측용 다목적 실용 위성이고, 천리안 위성은 2010년에 발사된 통신해양기상위성이다. 인공위성이라고 해서 다 같은 인공위성이 아니고 역할에 따라 종류가 다양하다.

인공위성은 몇 가지 기준에 따라 구분한다. 그 기준은 위성이 지나가는 길인 궤도와 임무, 무게 등이다.

인공위성의 궤도에는 원궤도, 타원궤도, 극궤도 등이 있다. 타원궤도는 인공위성이 지구 둘레를 따라 한 바퀴 도는 모양이 타원이라는 뜻이다. 이때 지구와 가장 가까워지는 위치를 '근지점'이라고 하고, 가장 멀어지는 위치를 '원지점'이라고 한다. 근지점과 원지점의 차이가 없이 동그란 원 모양으로 움직이는 궤도를 원궤도라고 한다. 또한 지구의 북극과 남극 상공, 즉 양극 위를 통과해 움직이는 궤도를 극궤도polar orbit라고 한다. 이 중 특별히 적도 상공의 고도 3만 6,000킬로미터(지구 반지름의 약 6.6배)의 원궤도를 지나는 궤도를 정지궤도geostationary earth orbit, GEO라고 한다.

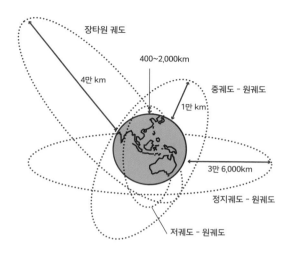

인공위성이 지나가는 길인 궤도에 따라 위성을 분류할 수 있다.

정지궤도라고 해서 인공위성이 가만히 있다는 의미가 아니다. 정지궤도에서는 인공위성이 한 바퀴 도는 주기가 지구의 자전주기와 같은 약 24시간이기 때문에 지상에서 보면 항상 정지해 있는 것처럼 보여 정지궤도라는 이름이 붙었다. 인공위성이 지구의 자전 속도와 같은 속도로 지구 주위를 공전하는 것이다. 기상위성과 통신위성, 방송위성이 바로 정지궤도에서 움직인다. 우리나라가 사용하기 위해 쏘아 올린 정지궤도 위성은 항상 우리나라 상공에만 머무른다.

내가 만들어 쏘아 올린 과학기술위성 1호는 저궤도low earth orbit, LEO 위성이다. 이 위성은 고도 400~2,000킬로미터에 위치하며, 공전주기는 약 100분이다. 이에 따라 하루에 지구 주위를 약 14번 돈다. 고도가 더 높은 1만~2만 킬로미터인 중궤도$^{medium\ earth\ orbit,\ MEO}$ 위성도 있다. 타원 궤도의 이심률이 높아지면 타원형 고궤도 위성$^{high\ eath\ orbit,\ HEO}$이라고 부른다. 타원의 이심률은 타원이 찌그러진 정도를 나타낸다. 원은 이심률이 0이고, 타원의 이심률은 0과 1 사이 값이다. 이심률이 작을수록 원에 가깝고 이심률이 클수록 찌그러진 정도가 심하다. 저궤도와 중궤도, 정지궤도는 원형 궤도다.

인공위성을 역할에 따라 구분할 수도 있다. 맡은 임무에 따라 과학위성, 기상위성, 방송통신위성, 지구관측위성 등으로 나뉜다. 과학위성은 지구 주변 혹은 더 먼 우주공간을 과학적으로 탐사하는 순수 과학 임무를 띤 위성이다. 우리나라의 우리별, 과학기술위성, 차세대 소형 위성들이 과학위성이다. 미국의 허블우주망원경은 가장 유명한 천문과학위성이다. 허블은 1990년에 지구 저궤도로 발사된 우주망원경으로 현재도 가동되고 있다. 최초의 우주망원경은 아니지만 가장 크고 가장 쓰임이 많은 우주망원경 중 하나여서 천문학 연구에 반드시 필요하다. 천문학자 에드윈 허블$^{Edwin\ Hubble}$의 이름을 딴 허블우주망원경은 콤프턴 감마선 관찰위성, 찬드라 엑스선 관찰위성, 스피처 우주망원경과 함께 나사의 거대관찰위성$^{Great\ Observatories}$의 일원이다. 허블우주망원경은 지구의 두꺼운 대기층 때문에 지상에서는 제대로 관측할 수 없는 우주공간의 생생한 모습을 우주에서 관측하고 지구에 정보를 보낸다.

우리나라 과학위성들의 임무는 주로 지구 주변의 고층 대기, 전리층, 밴앨런대, 지구 자기권의 플라스마 파동 등을 관측하는 것이다. 우리나라의 과학위성들이 주로 근지구(우주는 크게 태양계 바깥을 의미하는 먼 우주 혹은 심우주deep space와 지구와 태양 사이 공간에 집중하는 근지구 또는 근우주near earth environment로 나뉜다) 환경만 연구하는 까닭은 최근까지도 우리나라의 위성체 설계 기술이 발달하지 않아 소형 위성만 개발할 수밖에 없었기 때문이다. 소형 위성은 주로 저궤도로 올라간다. 반면 우리보다 먼저 우주에 발을 들여놓은 미국이나 유럽, 일본 등은 근지구를 벗어나 더 먼 심우주로 가는 중대형 위성들도 많이 개발해왔다. 최근에는 우리나라도 근지구 우주환경을 벗어나 달로 가는 인공위성 프로젝트를 추진하고 있다.

일반인들에게 가장 익숙하고 실생활과도 밀접한 인공위성은 기상위성이다. 사람들의 일상이 날씨에 민감하게 의존하기 때문인데, 방송과 신문에서 자주 보는 구름이나 태풍 사진들은 정지궤도에 있는 기상위성이 보내주는 영상 자료들로 만든다. 우리나라는 2010년 6월 27일 우리나라 최초의 기상위성인 천리안을 성공적으로 우주로 보내서 세계에서 일곱 번째로 독자적인 기상위성을 보유한 나라가 되었다. 천리안 위성이 목표 궤도에 이르기까지 2주일이나 걸렸는데, 이유는 정지궤도에 들어가기까지는 천이궤도transfer orbit(극궤도에서 정지궤도에 이르기 위한 중간 단계의 궤도)로 먼저 진입해야 하는 등 복잡한 단계를 거쳐야 하기 때문이다. 천리안 위성은 통신해양기상위성이라고도 불

천리안 위성(한국항공우주연구원)

린다. 말 그대로 기상 관측뿐 아니라 해양 관측과 통신 서비스 임무도
수행하는 정지궤도 복합위성이다. 2019년 2월 7일 천리안 1호는 우주
방사선으로 인해 본체의 고장 감시 모듈이 오작동하는 사건이 발생했
다. 3일간의 정비 후에 기능이 복구되어 기상관측 업무를 재개했지만,
위성이 작동하지 않는 동안 미국과 일본의 위성이 촬영한 한반도 자
료를 제공받아 기상 서비스를 해야 했다.

　　이밖에도 중요한 역할을 하는 인공위성으로 통신위성이 있다. 통
신위성은 통신을 주목적으로 우주에 머무른다. 현대의 통신위성들은

정지궤도, 몰니야 궤도<sup>Molniya orbit</sup>*, 타원궤도와 지구 저궤도(극궤도와 비극궤도) 등 다양한 궤도를 사용한다. 통신위성은 두 지점 사이에 마이크로파 무선중계 기술을 제공하여 유선통신을 보완하고, 선박, 비행기, 자동차, 휴대용 단말기 등의 이동통신과 TV와 라디오의 방송통신을 위해 사용된다.

원리는 간단하다. 지상에서 직접 통신할 수 없는 장소와 연락하기 위해 우주공간에 있는 떠 있는 통신위성을 전파의 중계소로 사용해 멀리 떨어져 있는 두 지점을 연결하는 것이다. 이렇게 위성을 우주의 전파 중계소로 사용하려면 연락하려는 두 지점에서 모두 위성이 보여야 한다. 보통 정지궤도에 있는 위성이 이런 위치가 되고, 정지궤도까지 신호를 주고받으려면 보통 약 0.25초의 시간이 걸리는데, 이 때문에 위성통신으로 전화를 할 때는 약 0.25초의 시간 지연이 발생한다. 우리나라의 무궁화 위성 시리즈와 한별, 올레 위성 등이 바로 이런 방송통신위성이다. 우리나라의 방송통신위성들은 모두 정지궤도에서 운용되고 있다.

또한 지구 환경을 감시하는 지구관측위성도 있다. 이 위성은 주로

---

\*     타원궤도의 일종이다. 타원궤도의 위성은 근지점 근처에서는 아주 빠른 속도로 움직이고 원지점 근처에서는 아주 느리게 움직인다. 즉 위성의 고도가 낮을수록 빠르게 움직이고 고도가 높을수록 느리게 움직이는데, 이러한 원리를 이용한 특수 형태의 타원궤도를 몰니야 궤도라고 한다. 이 궤도는 정지궤도 위성과 통신할 수 없는 고위도 지방에서 통신이나 방송용으로 사용한다. 근지점은 남반구에, 원지점은 북반구에 오도록 궤도를 형성하면 위성은 남반구보다는 북반구에 훨씬 더 오래 머무르게 되므로, 적도 상의 정지궤도 위성을 사용할 수 없는 러시아 같은 고위도의 나라에서 주로 사용한다.

2015년 3월 26일 발사되어 현재까지 운용되고 있는 아리랑 3A호(한국항공우주연구원)

저궤도에서 지구를 관측한다. 군사용 정찰위성과 비슷하지만 자원 탐사, 환경 감시, 지도 작성 등 비군사용 목적으로 사용된다. 우리나라의 아리랑 1호, 아리랑 2호가 대표적인 지구관측위성이다. 지구관측위성은 지질, 해양, 농업 등 다양하고 실용적인 목적을 위해 사용된다. 아리랑 위성도 저궤도 위성이다. 현재까지 아리랑 1호, 아리랑 2호, 아리랑 3호, 아리랑 5호, 아리랑 3A호가 발사되었다.

이밖에도 매우 중요한 위성 활용 분야로 GPS Global Positioning System(범지구 위치 결정 시스템)가 있다. GPS의 가장 중요한 용도는 현재 위치와 목적지 간의 정확한 경로 안내다. 24개에서 32개의 네트워크로 연결된 GPS 위성이 지구 주위에 일정한 간격으로 위치하여 임무를 수행하고 있다. 위성이 1.57542기가헤르츠와 1.2276기가헤르츠의 주파수에 정보를 전송하면 지구에 있는 수신기는 그중 네 개의 위성에서 송신한 신호를 선택해 동시에 수신한다. 이후 수신기는 마이크로프로세서로 현재의 위치를 계산하여 위도와 경도를 정확히 표시한다. 원리상 세 개 이상의 GPS 위성으로부터 시간과 위치 정보를 받으면 현재 위치를 정확히 계산할 수 있다. 세 개의 위성을 중심으로 하는 세 개의 구면이 서로 교차하는 지점이 수신기의 위치이기 때문이다. 하지만 실제로는 시간 오차를 바로잡기 위해 최소 네 개의 위성을 사용한다. 군용으로 사용할 때는 센티미터 단위 수준의 오차범위 내에서 위치 정보를 얻는다.

GPS 위성은 미 공군 제50우주비행단에서 관리하고 있다. 노후 위성 교체와 새로운 위성 발사 등의 유지와 연구, 개발에 필요한 비용이 연간 약 7억 5,000만 달러(약 8,800억 원)에 이른다고 한다. 그럼에도 GPS는 전 세계에서 무료로 사용할 수 있으니 참으로 고마운 일이다.

흥미로운 것은 상대성이론에 대한 이해가 없었다면 GPS는 구현 자체가 어려웠다는 점이다. GPS 인공위성은 2만 800킬로미터 상공에서 초속 3.78킬로미터 정도로 이동하기 때문에 지구 표면에서보다 시간이 상대적으로 느리게 흐른다. 거기다 중력에 의한 시간 지연도 고려해야 한다. 그렇지 않으면 매일 38.6마이크로초의 시간 오차가 생길 것이다.

최근 내가 가장 많은 시간과 노력을 들이고 있는 연구 프로젝트
는 2021년에 우주로 발사할 예정인 새로운 인공위성을 만드는 일이
다. 내 인생에서 과학기술위성 1호에 이은 두 번째 인공위성 프로젝트
다. 이번 인공위성은 카이스트 대학원 시절에 만든 인공위성과는 달리
크기가 훨씬 작다. 최근 우주탐사 분야에서 가장 각광받고 있는 것은
큐브샛Cubesat이다. 큐브 위성이라고도 불리는 큐브샛은 한 개의 단위
라고 할 수 있는 1유닛unit이 부피 1리터(가로, 세로, 높이 모두 10센티미터),
질량 1.33킬로그램을 넘지 않는 초소형 인공위성이다. 큐브샛의 단위
는 1유닛 혹은 1U가 되고, 2U, 3U, 6U, 12U 등으로 필요에 따라 크기
를 조절할 수 있는 것이 장점이다.

큐브샛은 1999년 캘리포니아 폴리테크닉주립대학교와 스탠포드
대학교에서 교육을 위해 공동으로 개발한 것이 시작이었으나 오늘날
에는 많은 우주 관련 기업이 큐브샛을 상업적으로 응용하는 분야에 발
을 들이고 있다. 큐브샛은 크기가 작은 만큼 출력에 한계가 있고 제어
하기 쉽지 않아 기술적으로 극복해야 할 점들이 많지만, 비용이나 개
발 기간 면에서 장점이 많기 때문에 연구기관뿐 아니라 군이나 산업체
가 보기에도 매력적이다.

초소형 위성의 장점은 역시 크기가 작은 만큼 개발 비용이 적게
든다는 것이다. 전체 무게가 가벼워서 인공위성 개발에서 가장 큰 비

중을 차지하는 발사 비용에 대한 부담도 적다. 1U을 발사하는 데 드는 비용은 보통 1억 원 정도다. 이 비용은 다른 중대형 위성과 비교하면 매우 저렴하다. 2006년 아리랑 2호를 발사할 때 러시아에 지불한 비용은 1,200만 달러, 당시 환율로 120억 원 남짓이었다. 2012년 일본 H2A 로켓에 아리랑 3호를 실어 우주로 보낼 때는 발사비로 2,000만 달러를 냈다. 계약 당시 환율로 250억 원 정도다. 현재는 500킬로그램급의 차세대 중형 위성 발사 비용으로 300억 원 정도를 예상한다.

큐브샛은 큰 위성보다 개발 기간이 짧기 때문에 실패에 대한 부담도 그만큼 적다. 따라서 큰 위성으로는 할 수 없었던 여러 가지 새로운 시도를 할 수 있다.

1U 크기의 큐브샛(NASA)

이밖에 큐브샛의 큰 장점으로 꼽을 수 있는 것은 여러 위치에서 동시 측정이 가능하다는 점이다. 지금까지 하던 대로 한 기의 인공위성만 운용할 때는 위성이 어떤 한 지역을 지나면서 관측한 현상을, 다시 한 번 그 위치를 지나면서 측정해도 그 현상이 지난 궤도 주기에 관측한 것과 같은지 다른지 확정하기가 어려웠다. 위성이 지구 주위를 한 바퀴 도는 데 걸리는 시간을 위성에서 관측한 어떤 자연현상의 시간 분해능이라고 하자. 만약 한 대가 아니라 두 대의 인공위성이 앞서거니 뒤서거니 하며 동시에 특정 현상을 관측한다면 공간적 분해능과 시간적인 분해능을 동시에 확보할 수 있다. 최근에는 두 기 이상의 다중위성을 동시에 발사해서 군집비행을 하는 것이 세계적인 추세다. 그런데 큐브샛은 개발 비용이 저렴하기에 두 기, 세 기 등 더 많은 위성을 한꺼번에 발사해 운용할 수 있다. 그래서 세계 각국의 연구소와 사업자들이 큐브샛을 이용해 다양하고 획기적인 프로젝트들을 진행하고 있다. 지금까지는 동시에 지구 전체의 삼차원 사진을 찍는다거나 대기를 종합적으로 분석하는 임무를 수행할 수 없었지만, 큐브샛은 이런 임무를 가능하게 해준다.

이러한 다중위성 프로젝트 중 대표적인 것이 QB50 프로젝트다. 유럽우주국European Space Agency, ESA이 주관하여 50개의 큐브샛을 각국에서 개발한 후 동시에 발사한다는 프로젝트였다. 여러 나라의 대학 팀들이 기초적인 큐브샛 하드웨어를 만들고 독일의 폰카르만연구소Von Karman institute가 공통으로 필요한 관측 센서를 달아 지구 대기의 여러 특성을 동시에 측정하는 것이 목적이었다. 성공했다면 여러 기의 큐브샛이 하나의 네트워크로 기능할 수 있음을 증명할 수 있는 프로젝트였다. 이 임무는 설계 당시에는 매우 혁신적인 프로젝트로 주목을 받았지만 아쉽게도 개발을 완수하지 못한 팀들이 많았다. 비록 다중위성의 가능성을 실험한다는 목적은 달성하지 못했지만 시도 자체는 의미 있었다는 평가를 받고 있다. 한국에서는 카이스트와 서울대학교가 참여했다.

민간 기업 중 큐브샛 개발에 열을 올리고 있는 대표선수는 플래닛 랩스Planet Labs다. 플래닛 랩스는 2010년, 현 CEO인 윌 마셜Will Marshall을 비롯한 나사 출신 엔지니어 세 사람이 의기투합해 만들었다. 이들은 군집위성(혹은 다중위성)으로 '지구의 변화를 보여주고, 손에 쥐여주고, 실행할 수 있게 해준다'는 목표를 세웠다. 2013년 4월 저렴하게 활용할 수 있도록 개발한 큐브 위성 도브Dove 두 개를 처음으로 발사한 이래 지금까지 300개가 넘는 위성을 제작해서 우주로 발사할 계획을 세우고 있다. 도브 가운데 일부는 국제우주정거장에서 발사하고 일부는 지상의 로켓으로 발사한다.

최근 내가 개발에 집중하고 있는 큐브샛의 이름은 스나이프SNIPE다. 2017년에 개발을 시작해 2019년에 개발 3년차를 맞고 있다. 과학자들에게 자신이 참여한 프로젝트나 만든 장치에 이름을 붙이는 것은 중요하면서 어려운 일이다. 나도 마찬가지다. 보통 인공위성은 긴 이름을 지은 후 줄여서 짧게 부르는데, 줄여서 부를 때도 의미가 있

플래닛 랩스의 28개 도브 중 첫 번째 쌍이 국제우주정거장ISS을 떠나고 있다.(위키피디아)

고 발음하기도 쉬워야 한다. SNIPE는 'Small scale magNetospheric Ionospheric Plasma Experiments'의 줄임말이다. 우리말로 옮기면 '작은 규모의 자기권과 전리권 플라스마 관측 실험'이다. 줄임말인 SNIPE는 우리말로 '도요새'다.

　도요새는 내가 만들고 있는 위성과 여러 면에서 비슷하다. 도요새는 몸길이가 12센티미터 정도로 작고, 우리나라에서는 봄과 가을에 볼 수 있는 철새다. 그런데 그 작은 몸으로 서식지인 러시아 아무르 강 유역에서 우리나라를 거쳐 오스트레일리아 남단까지 1만 킬로미터를 넘

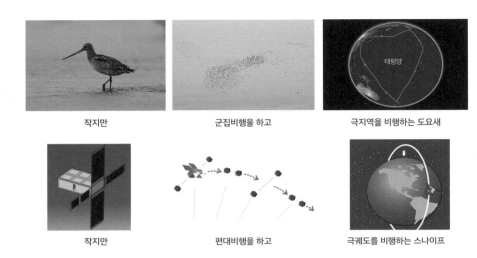

| 작지만 | 군집비행을 하고 | 극지역을 비행하는 도요새 |
| 작지만 | 편대비행을 하고 | 극궤도를 비행하는 스나이프 |

도요새와 스나이프 위성의 공통점을 나타냈다. 위쪽은 도요새, 아래쪽은 스나이프 위성의 특성을
보여준다. 스나이프 위성도 도요새처럼 작은 나노샛(큐브샛)이고, 여러 대의 위성이
군집·편대비행을 하며 극궤도를 비행한다.

게 이동하는 당찬 새다. 세계에서 가장 먼 거리를 쉬지 않고 날아가는
도요새의 이동 경로가 인공위성의 추적으로 확인되기도 했다. 러시아
에서 출발해 일주일 동안 쉬지 않고 비행한 끝에 인천 영종도와 아산만
에 도착한 도요새는 필요한 영양분을 보충하면서 우리나라에 약 2주일
동안 머무르다가 다시 이동을 시작한다. 크기는 작지만 한 번에 먼 거
리를 비행할 정도로 힘이 좋고, 군집비행을 하며 북에서 남으로 종단하
는 극궤도 비행을 하는 도요새는 스나이프 위성과 여러모로 닮았다.

2021년에는 내가 만들고 있는 10킬로그램의 큐브샛 네 개가 동시
에 600킬로미터 상공에 올라가 극궤도를 돌 예정이다. 우주로 올라간

스나이프는 지구의 남극과 북극을 오가며 1년간 비행할 것이다. 스나이프에 탑재될 탑재체는 나의 첫 인공위성이었던 과학기술위성 1호에 실린 우주물리 탑재체들의 축소판이다. 고에너지 입자 검출기, 랭뮤어 프로브, 플럭스 게이트 자기장 측정기, 이렇게 세 종의 우주 플라스마 진단장치가 탑재되어 지상에 있는 우리에게 우주날씨 정보를 알려줄 것이다. 스나이프는 또 다른 임무도 띠고 있다. 6U 크기 네 개의 인공위성을 동시에 발사한 후 정확하게 자세를 제어해야 하는 편대비행 임무다. 아직 어느 나라에서도 큐브 위성이 편대비행을 한 적이 없어서 이번 임무는 큐브 위성의 위치를 정확히 제어하는 첫 번째 실험이 될 것이다.

●                                          **우리의 로켓, 누리호**

인공위성을 개발하려면 로켓 기술을 확보하는 일이 필수적이다. 인공위성 전체 개발 비용에서 발사 비용이 차지하는 비용이 매우 높고 발사에 따른 위험 부담도 크기 때문이다. 자국의 로켓을 확보할 수 있다면 비용과 안정성 측면에서 모두 큰 장점이 생긴다. 나 역시 스나이프 위성의 발사체를 결정하기 위해 준비하면서 '우리나라 로켓이 있다면…' 하고 아쉬움을 느끼는 형편이다. 하지만 이런 아쉬움도 조금씩 끝이 보이려고 한다. 2018년 11월 28일 고흥 외나로도에 있는 나로우주센터 발사기지에서 75톤 로켓엔진의 비행 성능을 검증하기 위한 시험발사가 진행되었고, 결과는 성공이었다. 이제 겨우 엔진 성능 시험에 성공한 것뿐이고 2021년으로 예정된 실제 누리호 로켓의 발사까지 가려면 갈 길이 멀지만 말이다.

지금까지는 우리나라의 위성을 다른 나라의 발사체를 이용해 다른 나라에서 발사해야 했다. 발사체 한 개에 여러 기의 위성이 함께 탑재되기 때문에(택시로 치면 합승이다) 위성을 쏘아 올리려면 다른 위성들과 일정을 조율해야 했고 발사체의 상황에 따라 일정이 지연되는 일도 다반사였다. 이런 상황에서 우리나라 위성을 우리나라 발사체로 우리나라 영토에서 발사한다는 것은 '우리나라가 우주 주권을 갖게 되는' 매우 중요하고 의미 있는 일이다.

우리나라가 독자 기술로 개발하는 첫 번째 우주발사체 누리호는 600~800킬로미터의 저궤도로 1.5톤급 실용 위성을 쏘아 올릴 수 있다. 누리호의 전체 길이는 25.8미터, 최대 지름은 2.6미터, 무게는 52.1톤이다. 2018년 11월의 시험발사는 3단형 발사체인 누리호의 핵심인 75톤급 액체엔진의 성능을 실제 발사 환경에서 시험하기 위한 것이었다. 2021년에 실제로 발사될 누리호는 75톤 규모의 액체엔진 네 개를 묶어서 구성한 1단 로켓과 75톤 규모의 액체엔진 한 개로 된 2단 로켓, 7톤 규모의 액체엔진 한 개로 된 3단 로켓으로 구성될 예정이다.

나는 국가우주위원회 위원 자격으로 시험발사체 발사를 직접 참

관할 수 있었다. 국가우주위원회는 대통령 직속의 위원회로 우리나라의 우주개발 계획과 우주 정책을 결정하는 우주 분야에 있어 최상위 의사결정 기구다. 로켓 발사 예정 시각은 오후 4시였고, 나는 오후 3시에 나로우주센터에 도착해 발사를 기다렸다. 발사 시작까지 현장에 있던 모든 사람이 숨을 죽이고 역사적인 순간을 기다렸다. 참관실의 통유리 저 너머로 해안가에 설치된 발사대가 보였다. 모든 준비가 완벽하게 끝나는 순간 발사 카운트다운이 시작될 터인데 발사 직전까지 정확하게 몇 시 몇 분 몇 초에 발사가 시작될지 알 수 없었다.

발사 전에 담당자가 누리호의 발사 시퀀스에 대해 설명해주었다. 시험발사체의 발사 두 시간 전부터 발사체의 연료인 케로신과 산화제인 액체산소, 엔진 내부의 압력을 높여주는 헬륨 가스 등을 충전한다. 발사 50분 전에는 발사체 기립장치를 철수하며, 발사 가능 여부를 최종 확인한다. 발사 10분 전에는 발사 자동 시퀀스가 시작되고 발사 4초 전 엔진 시동 명령이 내려지며, 엔진 추력이 90퍼센트 이상 도달하면 발사체가 이륙하면서 지상 발사대와 분리된다. 예정대로 진행될 경우 발사 후 엔진이 143.5초간 연소하면 시험발사체는 발사 164초 뒤 100킬로미터 고도에 진입하며, 313초 때 최대 고도에 도달한 뒤 발사 후 643초경 발사대에서 400킬로미터 거리의 해상에 떨어진다. 단 643초, 겨우 10분 남짓이면 이 모든 일은 종결된다.

이번 시험발사에는 발사체 상단에 실제 위성 대신 일종의 모형인 중량 시뮬레이터를 달았다. 외국에서는 일반적으로 새로운 로켓엔진

2018년 11월 28일 발사에 성공한 누리호의 시험발사체(한국항공우주연구원)

을 개발할 때 지상 연소 시험만으로 성능을 검증하고 시험발사를 하지만, 발사체 경험이 부족한 우리나라는 실제 비행 환경에서 엔진 성능을 점검하기 위해 시험발사체를 실제로 발사해본 것이다.

시험발사는 오후 4시경에 성공리에 이루어졌다. 엔진은 발사 후 430초 동안 비행했으며, 목표했던 대로 140초 이상 연소됐다. 결과적으로 최대 고도 209킬로미터에 이르러 엔진의 성능이 정상임을 입증했다. 이로써 우리나라는 75톤급 이상의 중형 로켓엔진을 보유한 세계에서 일곱 번째 국가가 되었다. 발사체가 발사되었다는 방송이 나올 때, 최대 고도에 도달했다는 방송이 나올 때, 발사체가 다시 고도를 낮춰 대기에 재진입했다는 방송이 나올 때마다 엄청난 환호와 박수갈채가 터져 나왔다.

2021년으로 예정된 누리호의 첫 발사가 성공하기를, 우주과학을 연구하는 과학자이자 대한민국 국민의 한 사람으로서 간절히 바란다. 게다가 누리호에 실을 첫 위성으로 현재 차세대 소형 위성 2호가 검토되고 있다. 나는 차세대 소형 위성 2호에 탑재하기 위해 개발 중인 우주방사선 탑재체를 만들고 있기 때문에, 누리호 발사 성공은 곧 나의 다음 위성의 성공과 직결되는 중요한 문제이기도 하다.

할로윈 폭풍으로 피해를 입은 인공위성들과 사후 조치

나사는 2003년 10월 19일에 시작해서 11월 7일에 끝난 할로윈 폭풍 기간 동안 본체와 탑재체에 피해를 입은 인공위성들의 목록과 피해를 복구하기 위한 사후 조치 목록을 작성해 발표했다.

| 위성 | 본체에 대한 영향 | 탑재체 | 탑재체에 대한 영향 | 사후조치 |
|------|----------------|--------|-------------------|----------|
| ACE | | | 태양 양성자 검출기가 집중 폭격됨 | |
| Aqua | 궤도당 80~400번 비트 에러Bit Error, BER(전자파 신호에서 송신 정보와 수신 정보 사이에 단일 비트가 일치하지 않는 현상) 발생. 사흘 동안 대기 마찰력 급증 | | | 태양플레어 기간 동안 집중적인 우주환경 모니터링 요구 |
| | | 대기 적외선 사운더 aqua atmospheric Infrared Sounder | 11월 6일에 재가동함 | NASA/JPL은 지자기폭풍 기간 동안 기기를 꺼달라고 요청 |
| | | 전자파 사운딩 장비 aqua advanced microwave sounding unit | 11월 4일에 재가동함 | NASA/JPL은 2003년 10월 28일에 이 기기를 꺼달라고 요청 |
| | | 전자파 스캔 장비 aqua advanced microwave scanning radiometer for EOS | 11월 5일에 재가동함 | 탑재체 PI가 2003년 10월 28일에 슬립 모드Sleep mode로 바꿔달라고 요청 |

| 위성 | 본체에 대한 영향 | 탑재체 | 탑재체에 대한 영향 | 사후조치 |
|---|---|---|---|---|
| Chandra | | | | 태양플레어에 따른 복사에너지 때문에 10월 24일 관측 작업 정지, 자료나 프로그램을 메모리에 넣는 작업load 정지 |
| CHIPS | X17급의 태양플레어 때문에 27시간 동안 전원 정지 | | | |
| Cluster | 태양전지판의 기능 저하 및 충전 효율 손실 | | | |
| Galaxy Evolution Explorer(GALEX) | | | 과도한 양의 자외선이 감지기에 도달하였으나 안전 모드로 전환되지는 않음 | 감지기의 고전압 입력 전원을 끄고 태양 활동이 끝날 때까지 비관측 상태로 시스템 운영 |
| Genesis | 10월 23일 태양 활동 때문에 안전 모드로 돌입한 후 11월 1일에 정상 상태로 전환, 10월 29일에 19개 메모리 에러 발생 | | | 태양 활동이 조용해질 때까지 안전 모드로 운용 |
| GOES 8, 9, 10, 12 | 심각한 데이터 비트 에러 발생 | GOES 8 엑스선 센서 | 위성 자세 제어 장비인 자기 토커에 작동 이상 발생 (GOES 9, 10, 12호) | |
| Mars Odyssey | 10월 28일 내내 별 센서Star tracker 장치 자주 정지됨. 10월 29일 태양 활동에 의해 메모리 오류가 발생하여 안전 모드로 돌입. 한 개 이상의 메모리 오류가 발생 | Mars Radiation Environment Experiment (MARIE) instrument | 전원 소모 증가, 탑재체 온도 상승, 탑재체 명령 수용 거부 등 주요 문제 발생으로 기기의 전원을 끔 | 11월 3일부터 임무 다시 시작 |
| Mars Exploration Rover (MER) A and B | 별 센서 장애로 정지 모드Sun idle mode로 돌입 | | | 태양 활동을 계속 모니터하고 태양 활동이 잠잠해질 때 복구하기로 결정 |
| Reuven Ramaty High-Energy Solar Spectroscopic Imager(RHESSI) | 10월 25일부터 28일 동안 CPU를 세 번이나 재부팅 | | 로봇 망원경 시스템 및 자료의 시각 동기 불능 | |

| 위성 | 본체에 대한 영향 | 탑재체 | 탑재체에 대한 영향 | 사후조치 |
|---|---|---|---|---|
| Rossi X-Ray Timing Explorer (RXTE) | 수차례의 X급 태양플레어로 인해 메모리 소자 오류 | | | 우주로 보내는 송신 일정을 11월 6일로 변경 |
| | | All-Sky Monitor(ASM) | 10월 29일 19시 47분에 태양 활동으로 카메라 장비에 장애가 발생하여 20시간 동안 작동 불능 | MIT는 다음 날 아침까지 기기 전원을 꺼달라고 요청 |
| Space Infrared Telescope Facility(SIRFT)/ Spitzer Space Telescope(SST) | 태양 활동 기간 동안 양성자가 증가하여 망원경의 온도 증가, 사흘 동안 임무 일정 연기 | | | 태양 양성자 모니터링에서 10월 28일 100PFU 이상이 되었을 때 위성을 지구를 향하도록 하고 관측기기의 전원을 끔 |
| SOHO | 태양전지판 성능 감소, 손실 1.1퍼센트 | | | |
| | | UVCS+CDS | | 10월 28일부터 30일까지 안전 모드로 운용 |
| Stardust | 10월 22일 태양 활동으로 인터페이스 카드에 오류가 생겨 안전 모드로 돌입. 태양 반대 방향에 있어 큰 영향은 없었음 | | | |
| Tracking and Data Relay Satellite System(TDRSS) | 자체 수정 메모리의 오류 | | | |
| Wind | 태양전지판 성능 감소, 손실 0.65퍼센트 | | | |

# 생명을 위협하는 우주방사선

## 극지방에 쏟아지는 우주방사선

　　우주날씨를 구성하는 여러 요소 중 지구인에게 가장 위협이 될 만한 인자를 꼽으라면 나는 1초의 망설임도 없이 우주방사선(또는 우주선)을 지목하겠다. 우주방사선이란 말 그대로 우주에서 오는 방사선으로, 우주에서 생성되어 지구로 향하는 고에너지 입자로 이루어진 1차 우주방사선과 이들이 지구의 대기 속을 진행하면서 대기를 구성하는 중성 원자나 분자들과 충돌해 생성되는 2차 우주방사선 모두를 말한다. 우주방사선의 존재는 1912년, 오스트리아 출신 과학자 빅토르 프란츠 헤스Victor Franz Hess가 수행한 기구 실험balloon experiment으로 세상에 처음 알려졌다. 헤스는 기구가 지상으로부터 높이 올라갈수록 기구에 장착된 방사선 검출기의 수치가 증가하는 것을 발견했다. 그 의미는 방사선의 기원이 지구 표면이 아니라 우주에 존재한다는 것이었다. 이 방사선은 이때부터 공식적으로 '우주방사선cosmic ray'이라 명명되었다.

우주방사선은 기원에 따라 크게 두 가지로 구분한다. 초신성 폭발 등 태양계 바깥에서 날아오는 은하 우주방사선Galactic Cosmic Ray, GCR 과 태양의 흑점 활동에서 기인하는 태양 우주방사선Solar Cosmic Ray, SCR 이다.

은하 우주방사선은 우주의 항성, 초신성 폭발, 펄서 가속, 은하 핵 폭발 등이 기원이며, 약 85퍼센트의 양성자, 12.5퍼센트의 알파입자 (헬륨 원자의 핵), 나머지 모든 종류의 원자핵과 전자로 구성된다. 은하 우주방사선의 세기는 지표와 가까워질수록 감소한다. 은하 우주방사선에 의한 피폭의 정도는 지자기 좌표(위도, 경도)에 따라서도 변화하여 극지방으로 갈수록 세지고 적도에 가까울수록 약해진다. 또한 은하 우주방사선의 세기는 약 11년인 태양 활동 주기에 따라서도 달라진다. 정확히 말하면 은하 우주방사선은 11년의 태양 활동 주기와는 반대되는 상관관계를 보인다. 태양 활동 극대기에는 은하 우주방사선이 감소하고, 태양 활동 극소기에는 오히려 증가한다. 그 이유는 태양 활동이 강해지는 시기에는 태양권을 둘러싸고 있는 태양권계면의 자기장이 강해져서 태양계 바깥 먼 우주에서 오는 은하 우주선 입자들을 잘 막아주기 때문이다.

앞에서 설명했듯이 지구의 자기장으로 만들어진 지구 자기권은 태양풍으로부터 지구를 보호해주는 거대한 자기 보호막이다. 태양 활

중성자 개수(#/시간/100)

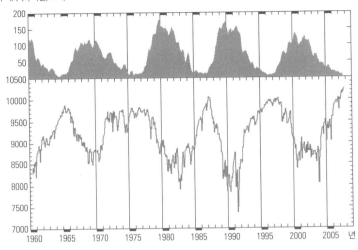

태양 활동 주기와 은하 우주방사선의 상관관계를 보여주는 그래프. 위쪽은 태양 활동 주기를 보여주는 태
양 흑점 지수다. 태양주기 19주기부터 23주기까지 나타내고 있다. 아래쪽은 남극 맥머도 기지에 설치되어
있는 중성자 관측기에서 관측한 중성자의 개수를 나타낸다. 중성자 개수는 은하 우주방사선의 세기와 같은
개념이다. 그래프를 보면 태양 흑점 지수가 가장 높은 태양 활동 극대기에 은하 우주방사선은 가장 낮아진
다.(University of Delaware)


동 극대기에는 지구의 자기 보호막도 더욱 굳건해져서 먼 곳에서 오는
은하 우주방사선의 세기는 약해지는 반면 가까이 있는 태양 우주방사
선의 세기는 강해진다. 태양 우주방사선은 태양 활동 극대기에는 증가
하고 태양 활동 극소기에 감소한다. 태양 우주방사선을 만드는 근원이
태양에서 오는 태양 고에너지 양성자이고, 이 고에너지 양성자는 태양
플레어나 코로나 물질방출과 같은 태양폭발이 일어날 때 빈번하게 증
가하기 때문이다.

한국표준연구원에는 6개의 튜브로 구성된 지상 중성자 모니터 3기가 설치되어 있다.

은하 우주방사선은 모든 방향에서 지구에 동시에 도달하며, 지속적이고 안정적이며 그 양이 거의 변하지 않기 때문에 상대적으로 예측하기가 수월하다. 이와는 반대로, 태양으로부터 오는 태양 우주방사선은 상대적으로 낮은 에너지 대역의 양성자로 구성된 경우가 많지만, 정확한 양을 예측하기가 매우 까다롭다. 따라서 예전에는 이렇게 예측하기가 까다로운 태양 우주방사선은 고려하지 않고, 거의 변하지 않는 은하 우주방사선만 고려해 우주방사선으로 부르기도 했다.

은하 우주방사선과 태양 우주방사선은 관측하는 방법이 다르다. 태양 우주방사선은 정지궤도의 인공위성에 탑재된 양성자 계측기가 측정한 양성자값으로 관측한다. 반면 은하 우주방사선은 주로 지상

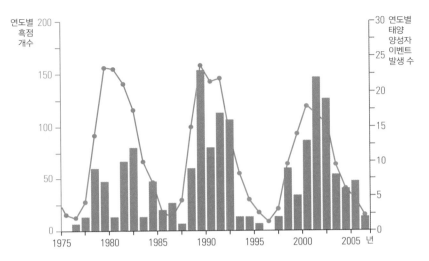

발간색 선은 태양의 활동주기를 나타내는 흑점 개수, 파란색 막대는 태양에서 오는 고에너지 양성자
이벤트의 연도별 발생 수를 나타낸다. 태양 고에너지 양성자 이벤트는 태양 우주방사선의 증가를 의미한다.
따라서 태양 우주방사선의 세기는 태양 활동 극대기일 때 강해지고 태양 활동 극소기일 때 약해진다.

에 설치한 중성자 모니터를 통해 지표에 도달한 중성자의 개수를 측정하는 방법으로 관측한다. 지구 자기권으로 들어오는 고에너지 입자의 대부분은 양성자지만, 이 양성자들이 지구의 대기권에 침투해 들어온 후에는 중성자를 포함해 다양한 입자들을 만들어낸다. 여러 입자들 중 지상에서 가장 많은 양을 차지하고 있는 중성자를 측정하면 은하 우주방사선의 세기를 추정할 수 있다. 지구에서 측정되는 중성자의 양이 일시에 급증하면 모두 은하 우주방사선에서 비롯된 것으로 볼 수 있다.

2018년 12월에 발사된 정지궤도 위성 천리안 2A호는 태양의 고에너지 양성자 이벤트를 측정하기 위한 입자 검출기를 탑재하고 있다. 이 입자 검출기는 반도체 센서인 실리콘 센서를 사용하여 실리콘 검출기에 부딪히는 전자와 양성자의 개수를 세는 카운터 방식의 관측기다. 우주로 향하는 입자 검출기의 대부분이 이런 원리로 동작하고 있고, 내가 과학기술위성 1호에 탑재한 우주물리 탑재체도 같은 원리로 만들어졌다.

●                     **우주방사선을 피할 수 없는 사람들**

2018년 여름, 대한항공에서 9년간 근무하다 퇴사한 객실승무원이 급성골수성백혈병으로 산업재해 신청을 한 일을 한 주간지가 보도하여 큰 화제가 되었다. 객실승무원 K 씨가 백혈병 발병이 승무원 업무와 관련 있다고 판단하고 산업재해 신청을 한 것이다. 기사는 승무원 업무와 우주방사선 노출이 상당히 관련 있다는 전문가의 의견도 함께 실었다.* 우주방사선으로 산재를 신청한 첫 번째 경우이기 때문에 산재 신청 결과에 세간의 주목이 집중되고 있다. 나는 이 기사의 후속

---

\*     강모열 서울성모병원 직업환경의학과 교수는 '업무 관련성 평가 소견서'에서 "항공기 승무원의 경우 상당한 정도의 우주방사선에 노출되고, 그로 인해 백혈병을 포함한 암 발생 위험이 높아진다"면서 "피해자(K 씨)의 업무와 재해의 발생과는 상당한 인과관계가 있다고 판단한다"고 밝혔다.(《한겨레21》 2018년 6월 11일자, "스튜어디스는 왜 백혈병에 걸렸나", http://h21.hani.co.kr/arti/cover/cover_general/45461.html)

기사에서 태양 우주방사선에 관한 인터뷰를 했다.*

나는 2009년부터 지금까지 항공기 운항고도의 우주방사선을 집중적으로 연구하고 있다. 우주방사선은 우주날씨를 연구하는 과학자에게 매우 중요한 연구 주제이기도 하지만, 무엇보다 일상생활에서 사람의 목숨과 건강을 위협할 수 있다. 비행 중 노출되는 우주방사선량이 무시해도 될 만큼이 아니기 때문이다. 따라서 충분히 연구해야 하고, 그에 따라 예방 조치를 취해야 한다.

그럼 우리는 이제부터 비행기는 무조건 타지 않아야 할까? 그럴수도 없고, 그럴 필요도 없다. 어쩌다 한 번씩 하는 비행에서는 우주방사선 노출에 따른 방사선 피폭 위험이 그다지 크지 않다. 문제가 되는것은 비행기를 자주 타는 승객과 승무원이다. 특히 다른 항로보다 북극항로에서 문제가 심각하다. 북극항로는 북극해의 상공을 지나가는비행기의 항로다. 구 모양의 지구는 적도 지역의 둘레가 가장 길고 양극지방으로 갈수록 둘레가 짧아진다. 대륙 사이를 왕래할 때 지구의이런 모양을 이용해 극지방으로 이동 경로를 정하면 시간과 비용을 절약할 수 있다.

우리나라 국적기들은 미국 동부노선의 귀국 편에서 주로 북극항로를 이용한다. 그러면 비행시간이 평균 30분에서 1시간 30분 정도가

---

*   《한겨레21》 2018년 7월 2일자, "알맹이 쏙 빼고 피폭량 쟀나"(http://h21.hani.co.kr/arti/special/special_general/45588.html)

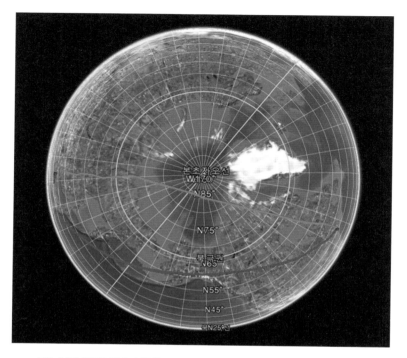

붉은 실선은 북극을 지나는 북극항로이고, 파란 실선은 북태평양을 지나는 북태평양 항로다.

지 짧아지므로 실어야 하는 기름의 양을 줄일 수 있고(유류 비용 절감),
그만큼 승객과 화물을 더 실을 수 있어서(승객과 수화물 운송료 이익) 경
제적으로 얻는 이익이 매우 커진다. 그러니 경제적 이익이 최우선인
자본주의 사회에서 민간 항공사는 뚜렷한 문제가 없는 한 북극항로를
이용하지 않을 이유가 없다. 하지만 실제로는 반드시 고려해야 할 몇
가지 문제가 있다. 그중 가장 중요한 요소가 바로 이 책의 주제인 우주

날씨다. 우주날씨 중에서 북극항로 운영에 가장 영향을 주는 인자는 우주방사선과 그로 인한 통신장애다. 북극항로는 우주방사선에 노출될 위험이 클 뿐 아니라 통신 장치와 항법 장치들이 오작동을 일으켜 사고가 일어날 가능성이 다른 항공로보다 훨씬 높다.

우리나라에서는 2006년 7월부터 대한항공이, 2009년 12월부터는 아시아나항공이 북극항로 운항을 시작하면서 이 항로 운항에 대한 안전관리의 필요성이 대두되었다. 내가 북극항로 우주방사선 문제를 처음 접하게 된 것은 이 책의 머리말에 쓴 것처럼 2007년 겨울의 일이었다. 그즈음 KBS의 TV 프로그램 〈이영돈 PD의 소비자고발〉 프로듀서가 연구소에 직접 찾아와서 우주방사선에 대해 여러 가지 질문을 했다.* 우주방사선 노출에 대한 안전성 문제는 대한항공에서 북극항공로 운항을 시작한 2006년부터 언론을 중심으로 큰 쟁점이 되었다. 당시 정기 국정감사에서도 우주방사선에 노출되는 승무원과 승객의 안전과 관련해 북극항로 문제가 계속 제기될 정도였다.**

이런 문제제기가 몇 해 동안이나 계속되다 보니 당시 건설교통부 항공안전본부에서도 북극항공로의 안전성을 고민하지 않을 수 없었다. 정부기관에서 무언가를 관리한다는 것은 관련 법안을 만드는 일로 이어진다. 하지만 법을 그냥 뚝딱 하고 만들어낼 수는 없는 노릇이어

---

\*      KBS 〈이영돈 PD의 소비자고발〉 '당신의 여행은 안전하십니까?'(2008년 2월 29일 방송)
\*\*      《주간동아》 2007년 4월호, "'북극항로 방사능, 자기장 '아슬아슬'-대한항공, 위험 가능성 승객들에게 '쉬쉬', 조종사와 승무원들도 꺼리는 '비행 노선'"

서 법안의 기초가 되는 자료 조사와 연구를 충분히 해야 한다. 그렇게 해서 한국천문연구원이 당시 건설교통부가 준비하던 북극항공로 방사선 안전관리를 위한 법안의 기초 자료가 될 정책 연구를 맡았다. 나는 이 프로젝트에서 실무를 담당했는데, 연구비를 만들기 위해 김포공항에 있는 항공안전본부 사무실에 1년 동안 부지런히 드나들었다. 실제로 과제가 만들어지기까지는 실무자의 기획보고서 작성 등의 사전 작업이 필요했기 때문이다. 당시 우리 사회는 지금보다도 북극항로의 우주방사선 문제에 관심이 적었고, 연구 필요성도 인정받지 못했다. 나는 사람을 만날 때마다 필요성과 중요성을 계속 설명하며 설득했고, 오랜 시도 끝에 결국 나에게 설득당한 공무원이 적은 돈으로나마 과제를 시작할 수 있도록 도움을 주었다.

사업을 허가해준 건설교통부 담당 부서를 방문해 담당 공무원들과 첫 인사를 나눌 때였다. 담당 공무원에게 내가 오로라와 우주방사선 등을 연구한다고 소개했더니 그때부터 나를 '오로라 공주'라고 부르곤 했다. 내가 남자였다면 오로라 왕자로 불렀을까? 살짝 기분이 나빴지만, 그렇게라도 해서 우주날씨 연구를 기억해주기만 한다면야 하는 생각에 내색은 하지 않았다. 그때나 지금이나 돈줄을 쥐고 있는 사람들에게는 어쩔 수 없이 을이 되어야 하는 신세다.

이렇게 시작한 '북극항공로 우주방사선 안전기준 및 관리정책 개발연구' 과제는 우리나라에서 최초로 북극항로의 우주방사선 관리를 위한 안전기준을 만드는 일이었기에 사명감을 가지고 열심히 뛰어다

녔다. 우리나라보다 북극항로를 먼저 운항해온 미국, 일본, 유럽 등에서 항공 승무원의 안전관리를 위해 어떤 일들을 해왔는지 살펴보고, 전 세계 모든 나라의 우주방사선 관리법령과 안전기준을 샅샅이 뒤지고, 우주방사선으로부터 승무원과 승객을 보호하기 위한 법률이나 안전관리 기준을 어떻게 결정하는지를 대대적으로 조사했다. 항공, 철도, 도로 등 주로 사회 거대 기반시설들을 관리하는 건설교통부 사람들에게 천문학, 우주, 오로라 등의 단어는 그저 만화나 SF 영화에 나올 법한 현실감 없는 단어들이었을 것이다. 그런 사람들을 붙들고 나는 억척스럽게 과제를 수행했다.

과제를 진행하면서, 북극항공로를 운항하는 대한항공과 아시아나항공의 비행기 안에서 우주방사선 관측기로 방사선량을 측정하는 실험을 몇 차례 진행했다. 그때 여러 기장분들을 만나 이야기를 나눌 수 있었다. 그분들도 비행 중의 우주방사선 노출에 대해 많은 걱정을 하고 계셨다. 항공사 승무원들은 직업상 우주방사선에 지속적으로 노출될 수밖에 없기 때문에 더욱 걱정됐다. 이분들이 최대한 안전하게 근무할 수 있도록 가이드라인을 만드는 데 보탬이 되고 싶었다.

2009년 6월부터 12월까지 6개월 동안 수행한 북극항공로 우주방사선 안전기준 및 관리정책 개발연구 과제는 같은 이름의 보고서를 제출하며 마무리되었고, 이 보고서는 이후 제안된 '생활주변방사선 안전관리법' 시행령의 초안이 되었다. 모두 31개 조항으로 이루어진 생활주변방사선 안전관리법은 2013년 6월 27일부터 시행되고 있다. 이 법은

말 그대로 일상생활에서 노출되는 방사선을 안전하게 관리하기 위한 기준이다. 이 법에 따르면 항공기 승무원의 선량한도, 즉 피폭 방사선량의 상한값은 1년 동안 50밀리시버트를 초과하지 않는 범위에서 5년 동안 100밀리시버트 이하여야 한다. 특히 방사선에 취약한 임신 중인 승무원은 연간 2밀리시버트를 넘으면 안 된다. 이 기준은 생활주변방사선 안전관리법의 상위법인 원자력법이 정한 원자력 직업 종사자의 기준을 그대로 따른 것이다. 일반인의 연간 방사선 피폭 선량 한계가 1밀리시버트인 것을 고려하면 원자력 직업 종사자에게는 좀 더 많은 피폭선량을 허용하는 셈인데, 항공기 승무원에게도 원자력 직업 종사자만큼 많은 연간 방사선 피폭선량을 허용한 것이다.

생활주변방사선 안전관리법 제18조에 항공사 승무원의 우주방사선 안전관리가 명시되어 있다. 항공운송사업자는 우주방사선에 피폭될 우려가 있는 운항승무원 및 객실승무원의 건강 보호와 안전을 위해 노력해야 하고, 항공 노선별로 승무원이 우주방사선에 피폭되는 양과 승무원이 연간 우주방사선에 피폭하는 양을 조사 분석해야 할 의무가 있다. 생활주변방사선 안전관리법 시행령 제9조와 제10조도 항공승무원의 안전관리에 대한 항목인데, 특히 제10조에는 승무원의 피폭 방사선량이 한도를 초과하지 않도록 다음 세 가지 조치를 취하도록 되어 있다.

1. 다음 사항에 따른 우주방사선에 의한 승무원의 연간 피폭량의 조사, 분석, 기록

① 비행 노선, 비행 고도, 위도 및 경도

② 승무원의 비행 시간

③ 태양 활동에 의한 영향

④ 그 밖에 피폭 방사선량 평가에 필요한 사항

2. 비행 노선 변경, 운항 횟수 조정 등 승무원의 피폭 방사선량을 낮추는 데 필요한 조치

3. 승무원에 대한 우주방사선에 따른 피폭 방사선량에 관한 정보 제공

이 법률에 따라서 대한항공은 사내 프로그램인 크램스KRAMS를 운영하며 자체적으로 항공기 승무원의 방사선 피폭량을 관리하고 있다. 그런데 문제는 2013년부터 법이 시행되었음에도 불구하고, 여전히 많은 승무원이 우주방사선에 대한 정확한 정보를 모르고 있다는 사실이다. 2018년에 급성골수성백혈병에 걸린 객실승무원 K 씨 역시 대한항공에 9년이나 근무했지만 우주방사선에 대한 안내와 교육 등은 전혀 받지 못했다고 한다.

## 다시마와 미역만으로 우주방사선을 막을 수 있을까

"북극항로 운항을 많이 하면 정말 암에 걸릴까요?"

"지난번 비행 중에 오로라를 봤어요. 저는 방사선에 얼마나 피폭

된 걸까요?"

　대한항공과 아시아나항공의 조종사들은 여전히 나를 만나면 이런 질문을 많이 한다. 건강에 직결된 문제이니만큼 민감하게 받아들이는 것은 당연한 일이다. 조종사들은 각자 조종할 수 있는 비행기의 기종이 정해져 있다. B747기 운항면허가 있으면 이 기종의 비행기만 운전할 수 있다. 미국 동부행 비행기는 B747이나 A380 등으로 비행기 기종이 정해져 있기 때문에 이 비행기를 조종하는 사람은 항상 같은 항로를 운항하게 된다. 즉 북극항로를 운항하는 조종사는 계속 북극항로를 운항해야 하는 부담이 생긴다.

　우주날씨 워크숍Space Weather Workshop*에서 만난 독일항공의 조종사 한 분은 미역에서 추출한 요오드환을 따로 챙겨 먹는다고 나에게 고백하기도 했다. 대한항공이나 아시아나항공의 조종사들도 식단에 미역이나 다시마가 빠지지 않는다고 한다. 미역이나 다시마에 들어 있는 요오드가 몸 안에 쌓이는 방사선 물질을 줄여준다는 것을 인터넷에서 검색해 알게 된 후 생활 속에서 작은 실천이라도 해보려고 노력하는 것이다. 하지만 미역이나 다시마를 매일 챙겨 먹는 것 말고 보다 안전하게 안심하고 근무할 수는 없을까? 이분들의 걱정과 불안을 덜어줄 제대로 된 안전관리와 정보 제공이 우선되어야 할 텐데 현실은 그

---

*　우주날씨 학술연구 분야에서 가장 크고 교류가 활발한 국제 학술대회 중 하나다. 미국 해양대기청 NOAA에서 해마다 개최하고 있다.

렇지 않아 안타깝다.

 2009년 우주방사선 관리법안을 위한 기초 연구를 진행하던 나는 기내의 우주방사선을 직접 측정해야 했다. 아시아나항공에서 실측실험을 할 때는 아시아나항공의 북극항로 사용을 결정하기 위한 인가비행에 동행했는데, 특정 항공로를 처음으로 운항할 때는 항로를 사용해도 좋다는 정부의 인가를 받기 위해 시험운행을 한다. 인가비행은 탑승 과정이 조금 복잡했다. 나는 그렇게 해서 정식으로 운행하는 여객기가 아닌 화물선 비행기cargo를 타게 되었는데, 일반인 신분으로는 화물선에 탈 방법이 없어서 결국 아시아나항공의 승무원crew으로 등록해야 했다. 그 신분이 여전히 유효할까? 확인해보지 않아서 모르겠다.

 일반적으로 북극항로를 운항하면 적도 지역으로 지나가는 것보다 단위시간당 순간 방사선량 기준으로 2배에서 5배 정도까지 많은 방사선량에 피폭된다. 그런데 우리나라에서 미국으로 갈 때 북극항로 대신 선택하는 캄차카항로나 북태평양항로를 통과해도 우주방사선 피폭량의 차이는 그렇게 크지 않다. 북위 60도 이상의 항로를 지나가면 어느 항로로 가든 시간당 피폭되는 방사선량이 비슷하다는 연구 결과도 있다. 하지만 비행 시간이 길어지면 당연히 피폭량은 많아진다. 항공기가 북극항로를 이용할 때 더 많은 방사선에 피폭된다는 가설은 과학적으로 많은 연구를 통해서 증명된 사실이며, 여러 실측실험도 이를 증명하고 있다. 하지만 실측 조건이나 비용 등의 한계 때문에 보다 완벽한 장기 실측 데이터베이스를 가지고 통계적인 연구를 한 것은 아니

2009년 12월, 아시아나 항공 조종실. 북극항로 사용 허가를 받기 위한 인가비행에 동행했다.

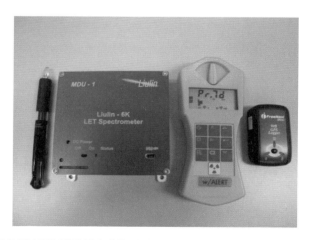

항공기의 실측실험에 사용한 장비. 맨 왼쪽의 리우린-6K는 불가리아과학위원회에서 직접 구입한 항공기용 우주방사선 계측기다. 그 옆이 지상에서 흔히 방사선 계측용으로 사용되는 감마 스카우트 방사선 계측기다. 맨 오른쪽이 항공기의 정확한 위치를 함께 기록하기 위해 가져간 GPS 로거logger. 크기 비교를 위해 볼펜을 함께 놓고 촬영했다.

라서 아직 추가적인 연구가 더 필요하다.

　보통 우리나라에서 미국 동부로 가는 출국 편은 북태평양 항로를 이용하고, 우리나라로 돌아오는 귀국 편은 북극항로를 이용한다. 내가 국적기에서 실측실험을 했을 때는 귀국 편인 북극항로의 방사선량이 북태평양항로보다 평균 15퍼센트 정도 높았다. 그렇지만 민간 항공기를 타고 다니며 하는 실측실험은 1회 실험 비용(연구원의 왕복 항공료 등)이 너무 많이 들어서 충분히 할 수가 없었다. 2009년 내가 프로젝트를 진행하는 동안 수행한 실측실험은 단 3회였고, 모든 전자장비가 그렇듯이 계측기가 항상 일정하게 반응하리라고 보장할 수도 없기 때문에 개별 측정마다 편차가 있었다. 따라서 단 3회 실험에서 나타난 항로 간 방사선량의 차이를 유의미하다고 말하기는 힘들었다. 더욱 정확한 실측 자료를 확보하려면 여러 해에 걸쳐 여러 항로에서 실측실험을 반복해서 장기적인 데이터베이스를 구축해야 한다. 지금도 나는 관련 기관들에 정기적이고 꾸준한 항공기 우주방사선 실측실험을 제안하고 있다. 하지만 언제쯤 구체적으로 실행될지는 여전히 오리무중이다.

　비행기 고도에서 극지방을 지날 때 우주방사선에 영향을 주는 인자는 무엇일까? 항공기 고도의 우주방사선량은 위도가 높아질수록 증가한다. 그래서 위도가 높은 북극항로로 운항하면 위도가 낮은 북태평양 항로보다 단위시간당 피폭되는 우주방사선량이 더 많다. 또한 우주방사선량은 고도가 높아질수록 증가한다. 비행기가 운항하는 고도인 지표면으로부터 9킬로미터 지점에서 시간당 4마이크로시버트이던 방

| 실험 날짜 | 누적 방사선 피폭량($\mu Sv$) | |
|---|---|---|
| | 북극항로(귀국 편) | 북태평양항로(출국 편) |
| 2009년 10월 5일 | 76.07 | 65.85 |
| 2009년 11월 2일 | 91.84 | 65.83 |
| 2009년 11월 5일 | 86.48 | 88.78 |
| 평균 | 84.7 | 73.4 |

북극항로와 북태평양 항로의 우주방사선 실측실험 결과를 표로 정리했다.
방사선 피폭량의 단위는 유효선량으로 마이크로시버트다.

사선량이 12킬로미터 고도에서는 9마이크로시버트까지 증가한다(다음 그림의 파란색 점선 참조). 고작 3킬로미터 높아졌는데 방사선량은 두 배 이상 증가했다. 또 하나 고려해야 할 중요한 사항이 있다. 그림에서 실선과 점선의 차이는 태양 활동 극소기와 극대기다. 다시 말해 태양의 활동 역시 우주방사선량을 좌우하는 중요한 요인이다. 그림을 보면 알 수 있듯이 태양 활동 극소기일 때 극대기일 때보다 더 높은 방사선량에 피폭된다. 태양에서 비롯된 고에너지 양성자 이벤트가 발생하지 않을 때의 평상시 우주방사선량은 위도와 고도, 태양 활동, 이렇게 세 개의 독립적인 변수에 의해 결정된다.

지금까지 이야기한 우주방사선은 모두 은하 우주방사선만 고려한 것이다. 이렇게 계산하면 쉽고 간단하기 때문이다. 그러나 태양 활동 극대기가 되면 태양폭발과 함께 급작스럽게 분출되는 고에너지 양성자들이 지구로 대량 유입되고, 한꺼번에 많은 우주방사선량에 피폭

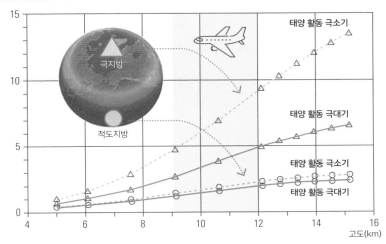

공간선량당량(μSv/h)

적도지방(빨간색 선)과 극지방(파란색 선)을 지날 때의 방사선 피폭량의 차이, 태양 활동 극소기(점선)와 극대기(실선)일 때의 방사선 피폭량의 차이, 고도에 따른 방사선 피폭량의 차이를 나타내는 그래프다. 극지방을 지날 때 단위시간당 방사선량의 차이는 적도지방을 지날 때보다 2~3배 높다. 같은 극지방을 지날 때도 태양 활동 극소기일 때가 극대기일 때보다 더 높다. 유의할 것은 이 그래프에서 나타내는 것은 은하 우주방사선뿐이라는 사실이다. 이 그래프가 그려질 당시까지는 태양 우주방사선을 고려한 모델이 없었다.

될 수 있다. 하지만 현재 항공기 운항고도에서의 우주방사선량 예측 프로그램은 이렇게 지구에 영향을 미치는 일시적이고 급변하는 태양 우주방사선을 대부분 반영하지 못하고 있다.

　나는 항공기 고도에서 우주방사선을 예측하기 위해 영국에서 개발한 우주방사선 모델인 QARM^QinetiQ Atmospheric Radiation Model을 사용해 계산해봤다. 그 결과 1989년 10월에 발생한 태양폭발 당시 워싱턴 D.C.-인천 노선을 비행한 비행기의 예상 누적 방사선량은 711마이크로시버트였다. 일반인의 연간 방사선 허용량이 1,000마이크로시버트(=1밀리시버트)임을 고려하면 1회 편도비행에 1년치 방사선 허용치에 육박하는 방사선량에 피폭될 수 있었다는 얘기다.

이 양이 얼마나 큰지 감이 안 올 수도 있다. 가슴 엑스레이 한 번 찍을 때의 피폭량이 100마이크로시버트다. 보통 뉴욕-인천 편도 구간에서의 노출량이 100마이크로시버트 정도 되므로 뉴욕 여행을 한 번 하면 가슴 엑스레이를 두 번 찍은 셈이 된다. 한 번쯤 이 양에 노출되는 정도는 건강한 성인 여행객에게 별 문제가 되지 않는다. 하지만 두 경우에서는 문제가 생긴다. 첫째 승객이 이미 방사선에 많이 피폭된 상태로 면역력이 떨어져 있거나 어린아이이거나 임산부나 태아라면 방사선 피폭에 대한 민감도는 훨씬 높아진다. 둘째 승무원은 계속 그 항로를 운항하는 비행기에 탑승해야 한다. 따라서 승무원들의 누적 방사선량을 반드시 기록하고 기준치를 넘지 않는지 계속 감시해야 한다. 두 가지 문제를 해결하기 위해서는, 첫째 제대로 실측실험을 하고 장기적인 데이터베이스를 구축해서 정확한 피폭량을 파악해야 한다. 둘째 정확한 정보를 승객과 승무원에게 항상 제공해야 한다. 정확한 정보 제공의 의무를 지켜야 승객과 승무원이 제대로 된 의사결정을 할 수 있기 때문이다.

비행 중에 오로라를 보았다며 방사선 피폭을 걱정하는 조종사에게 나는 이렇게 말했다.

"지구상에서 오로라를 맨눈으로 봤다는 것은 그날 우주에 심상치 않은 일이 발생했다는 뜻이기는 해요. 즉 지자기폭풍이나 태양폭발이 일어났을 가능성이 있습니다. 오로라는 지구 밖에서 들어오는 태양풍 입자와 지구 대기 중에 있는 공기 분자가 충돌해서 빛을 내는 자연현상이에요. 이 입자들이 어떤 대기 성분과 충돌하느냐에 따라 초록색, 파란색, 붉은색 등 색깔도 다양해지고요. 물론 오로라가 발생했을 때 태양 양성자 이벤트를 동반했다면 우주방사선량도 증가하니 걱정할 만합니다. 오로라를 만드는 입자들은 에너지 범위가 수십에서 수백 킬로전자볼트에 해당하여 에너지가 상대적으로 낮은 '전자'들이지만, 우주방사선을 만드는 입자들은 에너지가 엄청나게 높은 수십 메가전자볼트 이상의 '양성자'들이니까요. 하지만 오로라를 발생시키는 서브스톰은 매우 흔한 현상인 데 비해 우주방사선을 증가시키는 태양 양성자 이벤트는 그렇게 자주 일어나지 않습니다. 그러니 오로라를 볼 때마다 우주방사선을 걱정하실 필요는 없습니다."

사실 우주방사선 피폭이 승무원이나 승객들의 건강에 미치는 인과관계를 단정적으로 말하기는 어렵다. 하지만 핵의학 전문의들에 따르면 갑작스럽게 다량으로 조사되는 방사선량은 반드시 인체에 치명

| 방사선 안전 기준(mSv) | | 비행기 여행 시 평균 방사선량(mSv) | | 생활 속 방사선(mSv) | |
|---|---|---|---|---|---|
| 일반인 연간 선량한도 | 1 | 서울 – 미국/유럽 왕복 | 0.1 | 한국인 연간 방사선 피폭량 | 3.6 |
| | | 서울 – 제주 왕복 | 0.001 | 의료 피폭 평균 | 0.6 |
| 항공기 승무원의 연간 선량한도(추진) | 6 | [북극항로 편도 이용 시] 시카고→서울 | 0.07 | 흉부 엑스선 | 0.1 |
| | | | | 관상동맥 조영술 | 7 |
| | | | | 복부 CT | 10 |
| | | | | 방사선 암 치료 | 수천~수만 |
| | | [북극항로 편도 이용 시] 뉴욕→서울 | 0.06 | 자연방사선 평균 | 3.0 |
| 1,000명 중 5명 꼴로 암 사망 가능성 있음 | 100 | [북극항로 편도 이용 시] 애틀랜타 → 서울 | 0.0734 | 대기(라돈 가스) | 1.40 |
| | | | | 지각 | 1.04 |
| | | | | 음식물 | 0.38 |
| | | [북극항로 편도 이용 시] 워싱턴 → 서울 | 0.0731 | 직무 피폭 평균 | 0.002 |
| | | [북극항로 편도 이용 시] 토론토 → 서울 | 0.0703 | | |

일반인의 연간 선량한도 1밀리시버트와 항공기 승무원의 연간 선량한도 6밀리시버트를 고려하여 다양한 경우에 나타나는 우주방사선량의 크기를 비교했다.(원자력안전위원회)

적인 피해를 주며, 만성으로 조금씩 축적되는 저선량의 방사선도 치명적인 피해를 줄 수 있다. 다시 말해 항공기 우주방사선과 같은 저선량의 방사선도 확률적으로는 충분히 치명적인 질병을 일으킬 수 있다.

핵물리학에서는 방사선이 미치는 영향을 크게 결정적 영향과 확률적 영향으로 나눈다. 결정적 영향은 단기간에 대선량의 방사선에 피폭되는 경우다. 후쿠시마 원자력발전소 사고와 같은 사고나 암 치료를 위해 다량의 방사선을 일시에 조사받는 경우를 들 수 있다. 이때는 인과관계가 필연적이다. 관계를 증명할 필요도 없이 바로 반응이 나타난다는 뜻이다.

이와 달리 확률적 영향은 저선량의 방사선에 오랫동안 피폭되는 것이다. 이를 학술 용어로 '발단선량이 없다'라고 표현한다. 특별히 어느 임계값을 넘어서 위험한 경계에 들어섰다고 할 수 있는 특정량을 표기하기가 어렵다는 뜻이다. 이렇게 저선량의 방사선에 장기간 노출되는 경우에도 암이나 백혈병, 수명 단축, 유전자 결함 같은 방사선 피폭 피해가 나타날 '확률'은 항상 존재한다.

이렇게 장기간의 피폭과 이로 인해 생기는 병 사이의 인과관계와 인체에 미치는 영향을 의학계 전문가들은 두 가지로 분류한다. 방사선이 일으키는 장해효과의 발생 시기를 기준으로 장해가 피폭 후 수 주일 이내에 바로 나타나면 급성 장해라고 하고, 수개월 또는 수십 년 후에 나타나면 지발성 장해라고 한다.

지발성이란 시간이 상당히 흐른 후에 병증이 발현된다는 뜻이다. 급성 장해는 주로 단시간에 많은 방사선량에 피폭되었을 때 나타나는데, 구토와 피로, 생식선, 수정체, 골수 등의 기능 저하가 나타나고, 심하면 사망에 이른다. 지발성 장해는 방사선 피폭 후 오랜 시간이 지난 후 나타나며, 백혈병, 악성 종양, 재생불량성 빈혈, 백내장, 수명 단축 등의 증상이 나타난다. 핵물리학자들의 구분과 비교하면 결정적 영향은 급성 장해를 유발하고, 확률적 영향은 지발성 장해와 연결된다고 보면 될 듯하다. 아직까지는 저선량의 방사선이 인체에 미치는 확률적 영향의 발단선량, 즉 어느 한계를 넘어야 인체에 위험하다는 뚜렷한 경계값이 정해져 있지 않다. 따라서 학자들은 피할 수만 있다면 방사선을 조금이라도 덜 쬐는 쪽으로 모든 일을 결정하라는 대원칙*을 세우고 있다.

비행기를 타는 동안에 받는 저선량의 방사선도 상당한 시간이 흐른 후에는 암, 백혈병, 수명 단축, 유전적 결함을 일으킬 가능성이 충분하다. 항공기 승무원들이 특정 암에 걸릴 확률이 일반인보다 매우 높게 나타났다는 연구 결과와 논문들도 이미 많이 나와 있다.** 건강한 일반인에게도 이처럼 건강상의 문제를 일으킬 수 있으니 면역력이 약한 임산부나 아이들의 경우에는 더 심각한 문제를 일으킬 수 있다. 항공사들은 승무원들을 정기적으로 교육할 뿐 아니라 승객에게도 안내를 해야 한다. 모든 승객은 이런 위험에 대해 사전에 충분한 정보를 안내받고 알고 있어야 하며, 선택할 수 있어야 한다.

---

\*     ALARA: as low as reasonably achievable

\*\*    항공기 승무원이 특정 암과 질병에 걸리기 쉽다는 내용의 참고문헌은 다음과 같다. 〈FAA Report, Radiation Exposure of Air Carrier Crewmembers〉(1992), 〈Cancer Incidence in California Flight Attendants〉(2002), 〈Increased Frequency of Chromosome Trans locations in Airline Pilots with Long-term Flying Experience〉(2009)

| 결정적 영향 | 확률적 영향 |
|---|---|
| • 대선량의 방사선에 단기간에 피폭(방사선 노출 사고, 치료 목적)<br>• 일정 선량 이하에서는 영향의 정도가 나타나지 않음(발단선량 있음)<br>• 피폭과 영향 발현의 인과관계 확실함<br>• 급성, 특이적 증상을 보임<br>• 홍반, 백내장, 탈모, 혈액 변화, 불임 | • 저선량의 피폭에도 발암 가능<br>• 발단선량 없음<br>• 확률은 선량에 비례함<br>• 지발성은 인과관계가 확실하지 않음<br>• 암, 백혈병, 수명 단축, 유전적 결함 |

방사선이 인체에 미치는 결정적 영향과 확률적 영향

북극항로가 위험한 이유는 방사선이 인체에 영향을 미치기 때문만은 아니다. 극 지역을 지날 때는 통신에도 문제가 생긴다. 앞에서도 설명했듯이 극 지역은 지구의 자기력선이 열려 있는 곳이어서 태양풍 입자들이 직접 지구 대기로 들어온다. 게다가 양 극 지역은 자기장의 세기가 매우 강하다. 이렇게 자기장이 강한 지역에서 전파를 사용해 통신을 할 때는 전파 신호의 감쇠가 생겨 통신에 장애가 생긴다. 보통 비행기 조종사들이 사용하는 통신수단은 단파통신과 위성통신이다. 북위 82도 이상 지역에서는 단파통신이 불가능하다고 알려져 있다. 그런데 단 하나 남은 통신수단인 위성통신마저 태양폭발 등으로 사용할 수 없게 되면 북극 지역을 지나는 시간 동안 모든 통신이 두절되는 위험천만한 일이 발생한다. 이때는 조종사들이 오로지 개인적인 경험에 의존해서 운항할 수밖에 없다. 나는 북극항로 우주방사선 실측실험을 할 때 이런 비상상황을 실제로 경험했다. 조종사들에 따르면 이런 일이 자주 일어난다고 한다.

태양 활동이 거의 없는 조용한 우주환경에서는 은하 우주방사선이 전체 우주방사선의 대부분을 차지하며 그 양도 일정하다. 문제는 태양폭발 등의 큰 이벤트가 발생했을 때다. 앞에서 설명한 태양 활동 지수 R(전파), S(입자), G(자기장) 중에서 태양 우주방사선과 직접 관련된 지수는 입자를 나타내는 S다. S 지수가 증가하면 태양에서 지구로 쏟아져 나오는 고에너지 양성자의 숫자가 급증했다는 뜻이다. 이것은 태양 우주방사선량의 증가로 이어진다.

태양의 급작스러운 이벤트를 예측하기란 정말 어렵다. 게다가 태양을 출발한 태양풍 입자들은 태양과 지구 사이의 광활한 공간을 진행하는 동안에도 복잡한 물리 현상들을 경험하면서 원래 가지고 있던 물리적 성질들이 복잡하게 변화한다. 태양과 지구 사이 우주공간의 모든 환경을 예측하는 일은 매우 힘들다. 많은 우주과학자가 지금 이 순간에도 열정을 바쳐 연구하고 있지만 태양 양성자 이벤트의 규모나 지구 도착 시간, 지속 시간 등의 정보를 정확하게 예측하는 일은 우주과학 분야의 난제다. 현재는 대안으로 정지궤도(약 3만 6,000킬로미터)에서 측정한 양성자값으로부터 지구 대기(약 100킬로미터)에 도착하는 양성자값을 유추하는 방법을 사용한다.

우리나라에서는 북극항로의 우주방사선 정보를 국립전파연구원 우주전파센터와 기상청 국가기상위성센터에서 제공하고 있다. 나는

2012년부터 2016년까지 국가기상위성센터의 지원을 받아 항공기 운항고도의 우주방사선량을 사전에 예측할 수 있는 예측 모델을 개발하는 프로젝트를 진행했다. 내가 개발한 우주방사선량 예측 모델의 이름은 KREAM(크림)이다. 이 이름도 여러 가지로 고심해 지었다. KREAM은 Korean Radiation Exposure Assessment Model for aviation route dose라는 긴 이름의 줄임말이다. 우리말로 옮기면 '한국형 항공기 우주방사선 피폭량 예측 모델'이다. KREAM은 은하 우주방사선뿐 아니라 태양에서 오는 태양 우주방사선, 즉 고에너지 양성자 이벤트까지 모두 반영한 모델이다. KREAM과 기능이 유사한 모델로 나사에서 개발한 나이라스NAIRAS가 있다.

현재 항공사들이 일반적으로 사용하는 프로그램은 미국연방항공청Federal Aviation Administration, FAA이 제공하는 CARI-6(카리식스) 혹은 CARI-6M(카리식스엠)이다. 그런데 두 프로그램 모두 은하 우주방사선만을 고려하고 태양 우주방사선은 고려하지 못하는 단점이 있다.

반면 한국에서 개발한 모델 KREAM과 나사가 개발한 나이라스는 모두 정지궤도에서 측정한 양성자값으로부터 지구 대기에 도착하는 양성자값을 유추하는 방법을 이용해 태양 양성자 이벤트를 준실시간으로 예측하고 있다. 예측이 '준실시간'인 데는 이유가 있다. 3만 6,000킬로미터 상공의 정지궤도에서 관측한 값을 기반으로 하기 때문에 이보다 훨씬 낮은 13킬로미터 정도의 항공기 운항고도의 우주방사선량을 계산하려면 어쩔 수 없이 어느 정도 시간 지연이 발생한다. 그

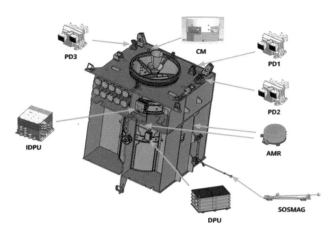

천리안 2A호에 탑재된 우주기상 탑재체 KSEM의 형태와 배치도. PD는 입자 검출기,
CM은 위성대전 감시기, IDPU는 전장박스, SOSMAG과 AMR은 자기장 측정기다.

래봤자 수 분 정도이지만 말이다. 태양 우주방사선까지 고려하면, 은
하 우주방사선만 고려한 모델인 CARI-6 혹은 CARI-6M으로 계산한
방사선 피폭량이 실제로는 더 많을 가능성이 매우 높다.

정지궤도 위성에서 고에너지 입자를 검출하는 탑재체는 우주방
사선 예측 모델에 들어가는 입력값을 제공한다. 2018년 10월에 발사
된 정지궤도 복합위성 천리안 2A호에는 우주기상 탑재체 KSEM[Korean
Space Environment Monitor]이 실려 있다. KSEM은 입자 검출기[Particle Detector,
PD]와 자력계[SOSMAG], 위성대전 감시기[Charging Monitor, CM]로 구성되어 있
다. 입자 검출기는 지구 자기장에 붙잡힌 100킬로전자볼트에서 2메가
전자볼트 범위의 에너지를 가진 입자를 검출하며, 자력계는 우주날씨

변화에 따른 지구 자기장의 변화를 측정하고, 위성대전 감시기는 고에너지 입자로 인해 위성에 전하가 축적되는 상황을 감시한다.

내가 북극항로에서 우주방사선 실측실험을 수행한 시기는 2009년이다. 이후 항공기에서 방사선량을 측정할 수 있는 계측기의 정확도가 이전과는 비교할 수 없을 정도로 개선되었고, 우주방사선량을 이론적으로 계산해주는 예측 모델들도 전보다 훨씬 다양해졌다. 이제 거의 모든 나라가 독자적인 우주방사선 예측 모델을 보유하고 있고, 우리나라도 자체 개발한 크림 모델이 있다. 다양한 우주방사선 예측 모델들의 신뢰도를 검증하기 위해서라도 장기적으로 우주방사선을 실측한 자료가 절실하다. 장기적으로 여러 항공 노선에서 실측실험을 수행해서 관측값의 데이터베이스를 구축하는 일도 시급하다. 이를 위해서는 산업체와 학교, 연구소, 정부 등 모두의 협력이 필요하다. 생업을 위해 매일 항공기에 올라야 하는 승무원들의 건강을 보호해야 하고, 북극항로를 이용하는 승객들의 불안감도 해소해야 한다.

나는 모든 국제선 노선에 방사선 피폭량을 계측하는 전문 장비들을 탑재해야 한다고 여러 경로를 통해 계속 주장하고 있다. 제대로 된 자료가 없으면 현상을 제대로 분석하고 이해할 수 없다. 다행히 산업안전보건원에서 백혈병으로 산재 신청을 한 대한항공 승무원의 근무 환경을 확인하기 위해 실제 현장에서 역학조사를 시작했다고 한다. 다양한 항로에서 장기적으로 실측한 방사선 자료를 얻어 우주방사선 예측 모델들의 정확도를 되도록 빨리 개선해야 한다. 안전을 위한 일에

양보는 없어야 한다는 교훈을 우리는 이미 어마어마한 대가를 치르고 얻지 않았던가.

## 인공위성에 치명적인 우주방사선

이제 독자 여러분도 알다시피 태양과 지구 사이의 우주공간은 전혀 비어 있지 않다. 이 공간에는 플라스마 상태의 전자, 양성자, 이온 등 여러 입자들이 다양한 에너지 대역으로 존재하고 있다. 이 입자들이 고속으로 움직이면 높은 에너지를 갖게 되고 방사선이 발생한다. 따라서 태양과 지구 사이의 우주공간은 우주방사선이 가득 채우고 있다고 할 수 있다. 방사선을 만드는 원인을 방사선원이라고 한다. 태양과 지구 사이에는 다양한 우주방사선원이 존재한다.

우주방사선은 인체뿐 아니라 정교하게 제작된 인공위성의 전자장비에도 치명적인 피해를 줄 수 있다. 에너지가 높은 전하를 띤 입자들이 위성체의 표면에 직접 닿으면 위성체가 고장 나거나 성능이 나빠질 수 있다. 밴앨런대는 고에너지를 가진 전자와 양성자로, 태양풍은 양성자와 중이온(무거운 이온이라는 뜻. 수소와 헬륨 원소 외의 모든 원소의 이온)으로, 은하 우주방사선은 주로 고에너지 중이온으로 구성되어 있으니 인공위성에게 지구 상공 우주공간은 지뢰밭이나 다름없다.

이런 입자들이 전자 부품에 입히는 방사선 피해는 총 전리방사선량Total Ionizing Dose, TID, 변위손상방사선량Displacement Damage Dose, DDD, 단일사건효과Single Event Effect, SEE로 구분할 수 있다. 총 전리방사선량과 단일사건효과가 물체에 전기적인 충격을 준다면, 변위손상방사선량은 원자의 배열을 바꿈으로써 물질에 피해를 입힌다.

총 전리방사선량은 물질이 받고 견딜 수 있는 총 방사선량을 의미한다. 반도체 부품의 상세 규격에 총 방사선량을 몇 킬로라드krad까지 견딜 수 있는지 명시할 정도로 총 전리방사선량은 중요한 사항이다. 위성의 부품을 고를 때도 위성의 전체 임무 기간 동안 받게 될 총 방사선량을 고려하여 주요 부품들을 선정한다.

보통 방사선 피해라 하면 전하를 띤 입자들이 전자 부품에 부딪혀

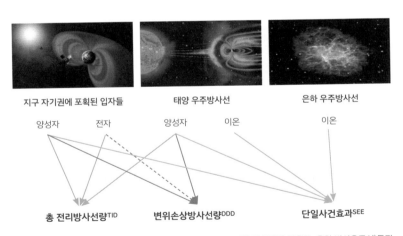

우주방사선을 구성하는 주요 요소(밴앨런대에 포획된 입자들, 태양 양성자와 이온들, 은하 방사우주선)들과
입자들(양성자, 전자, 중이온), 이에 따른 우주방사선의 피해 종류를 정리했다.
밴앨런대를 구성하고 있는 입자들은 TID, DDD, SEE 등을 모두 일으킬 수 있다.

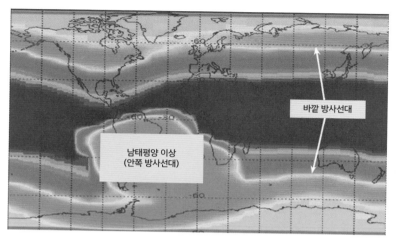

바깥 방사선대

남태평양 이상
(안쪽 방사선대)

나사의 저궤도 위성인 샘펙스SAMPEX 위성이 양성자와 0.5메가전자볼트 이상의 고에너지 전자들의 분포를 보여주고 있다. 남대서양 이상 지역에는 주위보다 입자가 훨씬 많이 분포한다.(NASA)

서 표면의 원자들을 이온화시키는 피해를 의미한다. 이를 전리방사선에 의한 피해라고 말한다. 전리방사선에 의한 피해는 일시적인 경우가 많다. 일시적이란 말은 어떻게든 복구가 가능하다는 이야기다. 반면 변위손상방사선량은 원자가 이온화되지 않으면서 원자의 격자 배열을 바꿔 부품을 영구적으로 손상시킨다. 원자 배열을 바꿔버리기 때문에 이 피해는 복구할 수 없다.

　단일사건효과는 인공위성을 운영할 때 가장 자주 발생하는 현상이다. 이 현상은 우주의 고에너지 양성자, 중성자, 알파입자, 중이온 등의 입자들이 전자회로의 민감한 부분에 직접 부딪혀서 생긴다. 대전된 입자 하나가 만드는 사건, 즉 단일 사건만으로도 전기적인 오작동을 일으키기 때문에 단일사건효과라고 한다. 대전된 입자가 반도체 등의 민감한 영역에 쌓이면 전자 소자에 문제가 생긴다. 주로 10메가전자볼트 이상의 에너지를 가진 양성자가 단일사건효과를 일으킨다. 양성자들은 위성체의 외벽을 쉽게 통과할 수 있기 때문이다.

지구의 자전축이 지구의 자기장 축과 약 11도 기울어져 있어서, 밴앨런대 안쪽 벨트의 끝 부분이 지표에 닿는 부분이 남대서양 위에 생긴다. 이 지역에서는 고에너지 양성자 분포가 다른 지역보다 많아 보이는 이상 현상이 관측되는데, 이를 남대서양 이상South Atlantic Anomaly, SAA이라고 한다. 이 때문에 SAA 지역에서 단일사건효과가 많이 발생한다는 연구 결과가 많이 나와 있다. 내가 만든 과학기술위성 1호의 고에너지 입자 검출기도 이런 현상을 자주 관측했다.

전자들은 인공위성에서 주로 대전 현상을 일으킨다. 인공위성 대전 현상은 에너지가 높고 밀도가 낮은 플라스마가 자주 관측되는 정지궤도나 극궤도에서 자주 일어난다. 특히 정지궤도에서는 지자기폭풍, 서브스톰과 연관되어 온도(입자의 온도는 에너지와 같은 물리적 의미가 있다)가 수십 킬로전자볼트 이상인 입자들이 자주 발견되는데, 이 입자들이 인공위성의 대전과 방전에 큰 영향을 미친다. 위성체 대전은 표면대전 현상과 내부대전 현상으로 나뉜다. 일반적으로 표면대전은 1전자볼트에서 10킬로전자볼트까지의 상대적으로 에너지가 낮은 전자들에 의해 발생하고, 내부대전은 이보다 에너지가 더 높은 10킬로전자볼트에서 10메가전자볼트까지의 에너지를 가진 전자들에 의해 발

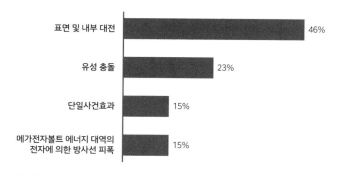

표면 및 내부 대전 46%

유성 충돌 23%

단일사건효과 15%

메가전자볼트 에너지 대역의
전자에 의한 방사선 피폭 15%

우주환경으로 인해 임무가 종료된 위성체를 분석(Lai & Cahoy, 2017)한 결과 위성 표면 대전 현상으로 인한 피해가 전체의 46퍼센트를 차지했다.

생한다.

위성체 표면에서의 대전과 방전 현상은 외부에 노출된 태양전지의 기능을 떨어뜨리는 데 결정적인 역할을 한다. 태양전지판의 성능은 위성체의 수명을 결정하기 때문에 개발자는 위성체 대전 현상을 제대로 이해하고 있어야 한다. 임무가 예기치 못하게 갑자기 종료된 위성들의 종료 원인을 분석해보니 가장 큰 원인이 바로 위성체 대전 현상이었다. 이러한 위성체 대전 현상도 우주날씨에 민감하게 반응한다. 지자기폭풍이 있거나 큰 태양폭발이 발생하면 위성에서 대전 현상이 발생할 확률도 높아진다.

우주개발 초기인 1960~1970년대에 궤도에 올라간 인공위성에서는 원인을 알 수 없는 이상 현상이 자주 발생했다. 제대로 작동하지 않거나 설계 수명보다 훨씬 빨리 작동을 멈추는 일이 잦았다. 과학자들은 처음에는 설계나 조립에 문제가 있다고 생각했으나 나중에 알고 보니 우주방사선 때문인 경우가 많았다. 이후 위성을 설계하는 과학자들은 지상에서 위성 조립을 끝내면 우주환경을 재현하여 극한 우주환경을 미리 경험하는 지상실험을 반드시 진행한다. 이 실험에서 살아남아야 마침내 우주로 갈 수 있다.

이렇듯 우주는 인공위성에게도 매우 혹독한 환경이다. 우주방사선, 우주 먼지, 태양을 볼 수 있는 지역과 태양 반대편 사이의 극심한 온도 차이 등이 위성이 살아남기에 가혹한 환경을 만든다. 과학자들은 수십 년간의 경험으로 이러한 극한 환경에 대한 대략적인 정보를 가지고 있다. 처음 위성을 설계할 때부터 위성이 우주에 머무르는 기간 동안 받게 될 총 우주방사선량을 계산하고 이를 최대한 차폐하는 방법을 고려한다. 위성에 사용하는 모든 부품은 우주에서 사용하여 검증을 철저히 거친 제품만 선택되고, 이 조치로도 모자라서 위성체 전체를 방사선을 차폐할 수 있는 물질인 두꺼운 알루미늄으로 덮기도 한다. 이처럼 검증을 마친 전자제품은 지상에서 사용하는 전자부품보다 100배에서 1,000배 이상 비싸기 때문에 이러한 우주급 부품값이 위성 재료비의 대부분을 차지한다.

위성체 조립이 끝나면 우주로 나가기 위한 다음 단계에 들어선다. 우주와 비슷한 환경에서 위성체가 잘 버틸 수 있는지 확인하는 열진공 시험이다. 지상에서 우주환경을 모사하는 시험에는 우주방사선 시험, 극한 온도 변화 시험, 발사할 때의 진동을 견뎌낼 수 있는지를 검증하

우주환경 시험용으로 사용되는 진공 챔버는 위성의 크기에 따라서 다양한 크기로 제작된다. 한국천문연구원에 있는 이 진공 챔버는 주로 탑재체의 열진공 시험용으로 사용하고 있다.

는 진동 시험 등이 있다. 이러한 시험을 열진공 시험이라고 한다. 인공위성이 우주 궤도에 올랐을 때 초고온, 초저온, 진공 등 극한 환경에서 잘 작동하는지 확인하기 때문이다. 인공위성의 열진공 시험은 '열진공 챔버'라는 특수한 방에서 시행한다. 진공 펌프를 열진공 챔버에 연결한 후 내부의 공기를 챔버 밖으로 빼내 진공 환경을 만들고, 여기에 액체 질소를 사용해서 인위적으로 우주와 비슷한 극저온, 극고온 환경을 만든다. 진공 환경을 만든 후 액체 질소를 열진공 챔버 안의 슈라우드라는 장치로 내보내면 우주처럼 극저온 환경이 되고, 액체 질소를 외부에서 뜨겁게 가열해 챔버 내부의 열복사 장치로 보내면 극고온 환경이 모사된다.

우리나라는 우주개발 중장기계획에 따라 2023년과 2025년에 달로 탐사선을 보낼 계획이다. 달 탐사나 화성 탐사 같은 심우주 탐사를 설계할 때도 가장 중요하게 최우선으로 고려해야 할 요소가 바로 우주방사선이다. 유인 우주탐사 또는 먼 우주로의 우주여행을 계획할 때 우주방사선 문제는 결정적인 걸림돌이 될 수 있다. 우주를 향한 인류의 도전이 계속되고 있는 한 인공위성과 우주방사선 문제는 반드시 해결해야 할 중요한 문제다.

## 생활주변방사선 안전관리법(약칭: 생활방사선법)

[시행 2017. 3. 30.] [법률 제14115호, 2016. 3. 29., 타법개정]

제18조(우주방사선의 안전관리 등) ① 대통령령으로 정하는 항공운송사업자(이하 "항공운송사업자"라 한다)는 우주방사선에 피폭할 우려가 있는 운항승무원 및 객실승무원의 건강 보호와 안전을 위하여 노력하여야 한다.

② 제1항의 운항승무원 및 객실승무원(이하 "승무원"이라 한다)의 범위는 비행노선, 비행고도 및 운항횟수 등을 고려하여 대통령령으로 정한다.

③ 항공운송사업자는 다음 각 호의 사항을 조사ㆍ분석하여야 한다.

  1. 항공노선별로 승무원이 우주방사선에 피폭하는 양

  2. 승무원이 연간 우주방사선에 피폭하는 양

④ 항공운송사업자는 대통령령으로 정하는 바에 따라 제3항 각 호의 사항에 대한 조사ㆍ분석 결과를 반영하여 승무원의 건강 보호 및 안전을 위한 조치를 하여야 한다.

⑤ 항공운송사업자를 감독하는 중앙행정기관의 장은 제3항 각 호의 사항에 대한 조사ㆍ분석 및 제4항의 안전조치를 이행하기 위한 절차, 방법 등 우주방사선의 안전관리를 위하여 필요한 세부사항을 정하여 고시한다. 이 경우 원자력안전위원회와 미리 협의하여야 한다.

## 생활주변방사선 안전관리법 시행령(약칭: 생활방사선법 시행령 )

[시행 2017. 3. 30.] [대통령령 제27972호, 2017. 3. 29., 타법개정]

제9조(항공운송사업자 등의 범위) ① 법 제18조제1항에서 "대통령령으로 정하는 항공운송사업자"란 「항공사업법」 제7조제1항에 따라 국제항공운송사업을 경영하는 자를 말한다. <개정 2017. 3. 29.>

② 법 제18조제2항에 따른 운항승무원 및 객실승무원(이하 "승무원"이라 한다)은 제1항에 따른 항공운송사업자(이하 "항공운송사업자"라 한다)가 운영하는 국제항공노선에 탑승하는 승무원으로 한다.

제10조(승무원에 대한 안전조치 등) 항공운송사업자는 법 제18조제4항에 따라 승무원의 피폭방사선량이 선량한도를 초과하지 않도록 다음 각 호의 조치를 하여야 한다.

1. 다음 각 목의 사항에 의하여 산정한 우주방사선에 따른 승무원의 연간 피폭방사선량의 조사·분석 및 기록
 가. 비행노선, 비행고도, 위도 및 경도
 나. 승무원의 비행시간
 다. 태양 활동에 의한 영향
 라. 그 밖에 피폭방사선량 평가에 필요한 사항

2. 비행노선 변경, 운항횟수 조정 등 승무원의 피폭방사선량을 낮추는 데에 필요한 조치

3. 승무원에 대한 우주방사선에 따른 피폭방사선량에 관한 정보 제공

지구 바깥에 쓰레기가
돌고 있다

## 인공위성을 위협하는 인공 우주물체

1957년 구소련이 쏘아 올린 스푸트니크 위성을 시작으로 현재까지 약 7,900기의 인공위성이 발사되었다. 게다가 2026년까지 약 3,000기가 더 발사될 예정이다. 이 수많은 인공위성과 그 잔해물들이 태양에서 비롯되는 우주날씨와는 다른 종류의 위협을 만들어내고 있다. 본격적인 우주개발 시대에 접어들면서 이미 올라가 있는 인공위성이 새로 띄워 올릴 인공위성의 심각한 위험 요소가 된 것이다.

우주공간에서 인공위성에 위협이 될 수 있는 우주물체는 크게 자연 우주물체와 인공 우주물체로 나뉜다. 자연 우주물체는 우주공간에서 자연스럽게 만들어진 혜성, 유성체, 소행성 등의 천체를 말하며, 인공 우주물체는 우주공간에서 사용하기 위해 인간이 만든 인공위성, 발사체, 추진체, 우주선과 그 구성품 등을 가리키는데, 현재 운용 중인 것과 비운용 중인 것 모두를 포함한다. 여기에는 인공위성 파편, 폭발로 인한 파편, 우주인이 우주 유영 시 떨어뜨린 공구까지 모두 포함된다. 여기에서 비운용 중인 인공 우주물체들을 우주잔해물space debris, 우주 쓰레기space junk, 우주잔해물이라고 한다. 궤도 진입 실패나 고장 등의 이유로 본연의 기능을 못 하고 지구와 가까운 우주공간에 버려져 떠다니는 것들이다.

태양폭발이 일으키는 지자기폭풍이 인공위성이 우주에서 경험하는 '자연재해'라면, 인공 우주물체가 일으키는 재난은 인간이 만들어 낸 '인재'다. 2013년 1월 28일 오전 11시 27분경 러시아의 인공위성 코스모스 1484가 북극해를 시작으로 캐나다 및 미국 북동부를 거쳐 남태평양으로 이어지는 선상에 추락했다. 무게 2,500킬로그램의 중형 위성 코스모스 1484는 1983년 7월 24일 구소련이었던 카자흐스탄의 바이코누르 우주발사장에서 발사된 지구 원격탐사용 인공위성이다. 이와 같은 저궤도 위성은 발사 후 약 30~40년이 되면 지구에 추락할 것으로 예측되기 때문에 예측의 중요성이 더욱 높아지고 있다. 당시 코스모스 추락으로 인한 비상사태에 대비하기 위해 한국천문연구원, 한국항공우주연구원, 공군이 공동으로 한국천문연구원 내에 위성 추락 상황실을 설치하고 추락 상황을 실시간으로 국민에게 알렸다. 위성이 한반도 인근에 떨어질 가능성은 거의 없었지만 정확한 낙하 시각과 장소는 추락 1~2시간 전에야 예측할 수 있으므로 만일의 사태에 대비해 모두가 매우 긴장했다.

이처럼 인간이 만든 물체가 하늘에서 추락하는 일이 현대에는 그리 드물지 않다. 인류가 우주시대를 연 지 50여 년이 지났으니 그럴 만도 하다. 2012년에는 100여 개의 우주물체가 지구 대기권에 재진입해 들어왔고, 2011년 11월에는 독일의 로샛ROSAT 위성이, 2012년 1월에는 러시아 화성탐사선 포보스-그룬트Phobos-Grunt가 추락하는 사건이 연이어 일어났다. 우리나라도 우주 물체가 지구 대기권에 진입하는 사례가 늘어남에 따라 만일의 사태에 대비하기 위해 우주물체에 대한 연구개발을 확대하고 위기 대응 체제를 구축하고 있다. 한국천문연구원은 우주물체를 감시하기 위해 감시 체계를 개발하고 있고, 한국항공우주연구원은 우리나라의 위성을 우주 파편으로부터 보호하기 위한 시스템을 개발하고 있다.

● **하늘에서 인공위성이 쏟아져내려**

지금 이 순간에도 인공위성이 우리의 머리 위를 끊임없이 지나가고 있다. 저궤도 위성이 있는 600킬로미터 지점부터 정지궤도 위성이 있는 3만 6,000킬로미터 지점까지 약 6,000기의 인공위성이 지구 둘레를 돌고 있다. 그런데 이 많은 위성들이 언젠가는 떨어질까? 아니, 인공위성이 떨어지기는 할까? 물론 언젠가는 떨어진다! 바로 공기의 저항 때문이다. 자동차나 비행기처럼 인공위성이나 우주잔해물도 공기의 저항을 겪는다. 물론 우주물체가 궤도상에서 받는 공기 저항은 우리가 지상에서 겪는 것보다 훨씬 적지만 오랜 시간 누적되면 큰 영향을 미친다. 궤도를 돌면서 공기의 저항을 받던 인공위성은 점차 고도가 낮아져 대기권에 진입한다. 대기권에 진입한 잔해물은 공기의 저항 때문에 초기 속도를 잃고 점점 에너지를 잃으면서 추락하는데, 잔해물 자체의 특성과 고도에 따라 추락하는 시간은 수 주에서 수년까지 걸리며 고궤도 위성은 수백 년에서 수천 년 동안 궤도에 머문다.

수만 개에 달하는 우주잔해물들이 지구상에 그대로 떨어지면 어떻게 될까? 다행스럽게도 이 물체들이 원형 그대로 지구 대기권에 들어오지는 않는다. 대기권에 진입하면 우주잔해물 대부분은 대기와 충돌하면서 발생한 고열로 아주 작은 조각들로 부서지기 때문이다. 그 이유 역시 대기를 구성하고 있는 공기의 저항 때문이다. 우주잔해물이 대기권에 진입하면 고속으로 운동하며 고온으로 가열된다. 특히 진입 시점에는 총알보다 10배에서 20배나 빠른 속도로 움직인다. 이 때 물체는 속도의 최대 한계점에 도달하면서 온도가 높아지고 부서지기 시작한다. 어떤 때는 폐기 위성을 이루고 있는 주요 구조체가 고온에 녹아 탱크에 남아 있던 연료나 고압가스가 폭발하며 산산조각 나기도 한다.

우주잔해물이 부서지기 시작하는 고도는 74~83킬로미터 사이라고 알려져 있다. 우주잔해물은 공기 저항과 고열에 의해 몇 개의 큰 조각으로 해체된 뒤 이어 더 작은 파편으로 부서진다. 이러한 '재난' 상태를 겪고도 불타거나 부서지지 않은 파편은 점차 낙하 속도가 떨어지면서 열도 식고 결국에는 땅에 떨어진다.

인공위성이나 로켓으로부터 떨어져 나간 파편은 상대적으로 느린 속도로 땅에 떨어진다. 공기 저항 때문에 종이가 납덩어리보다 천천히 떨어지는 것처럼 저항을 많이 받는 파편은 일체형인 위성보다 더 천천히 땅과 충돌한다. 다만 파편들 사이에서도 차이가 있어 저항이 큰 파편은 충돌 속도가 시속 30킬로미터이지만, 저항이 적은 파편은 시속 300킬로미터까지도 나간다. 여기에 국지적으로 바람이 분다면 가벼운 조각은 더 멀리 퍼져서 수거하기도 어려워진다.

그렇다면 지금까지 인공위성 잔해물은 몇 개나 땅에 떨어졌을까? 현재까지 50개가 넘은 우주잔해물이 수거되었다. 1997년 델타 로켓의 2단 추진체가 낙하하며 네 개의 잔해물을 떨어뜨렸다. 250킬로그램의 금속 탱크와 30킬로그램의 고압구, 45킬로그램의 추진실, 그 밖의 작은 부품 조각들이 땅에 떨어졌지만, 다행히 다친 사람은 없었다. 보통 땅에 떨어지는 우주잔해물들은 전체 위성 무게의 10~40퍼센트 정도다. 하지만 위성의 재료와 구조, 모양, 크기, 무게에 따라 달라진다. 스테인리스스틸이나 티타늄으로 만들어진 빈 연료탱크는 녹는점이 높으므로 대부분 그대로 땅에 떨어지고, 알루미늄처럼 녹는점이 낮은 부품은 거의 떨어지지 않는다.

지난 40년 동안 5,400톤이 넘는 물질이 대기권 재진입 이후에도 소멸되지 않고 땅에 떨어졌지만 아직까지는 이러한 추락 사건 때문에 직접적으로 피해를 입은 사람은 없다고 보고되었다. 우주잔해물 때문에 인명피해가 생길 가능성은 우리가 생활하면서 매일 경험하는 위험에 비한다면 상대적으로 낮다. 한 사람이 우주잔해물에 맞아 다칠 확률은 1조 분의 1이니 말이다. 그럼에도 어느 평범한 날 오후 길을 걷는 우리 머리 위에 빠른 속도로 금속 조각이 떨어질지도 모른다고 생각하면 끔찍하다.

그러므로 인류는 우주로 보낸 수많은 인공 물체의 잔해물들이 언제 어디로 떨어질 것인지 예측해야 한다. 현재 ±10퍼센트의 오차로 우주잔해물의 대기권 재진입 시각을 예측할 수 있다. 말이 10퍼센트지, 낙하 중인 잔해물의 운동속도가 초속 7킬로미터보다 빠르고 마지막 궤도를 도는 데 걸리는 시간이 90분 내외라는 점을 고려하면, 예측 시간에 관한 오차는 ±9분, 거리로 환산하면 7,000킬로미터나 된다.


● **우주쓰레기를 치우자!**


지구 궤도에는 다양한 용도로 쓰이는 약 6,000기의 인공위성이 돌고 있다. 문제가 되는 것은 수명이 다한 위성이다. 이러한 위성은 그냥 고철 덩어리가 되는데, 어떻게 해야 할까? 위성 대부분은 수명이 끝나는 시점을 염두에 두고 스스로 우주잔해물이 되지 않도록 조치할 수 있

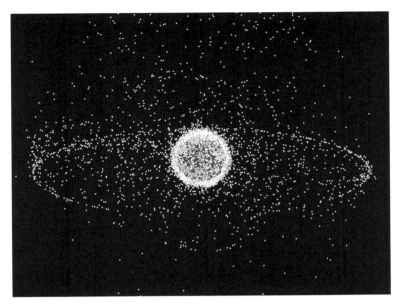

지구 주변을 돌고 있는 수명이 다한 위성의 잔해물들 상상도(NASA)

게끔 만들어지지 않았다. 다시 말해 현재로서는 별 대책이 없다는 의미다. 허블우주망원경 같은 특별한 사례도 있지만 말이다. 허블우주망원경은 수명이 다하면 로봇 형태의 우주선을 몸체에 부착시켜 망원경을 지구 대기권으로 끌어 온 뒤 태워서 안전하게 처리할 예정이다. 일부 폐기 위성이나 잔해물들 중에는 역추진 시스템이 있어서 이를 이용해 안전하게 대기권으로 진입시켜 추락시킬 수도 있다. 그렇지만 대부분은 적절하게 처리되지 않은 채 우주쓰레기로 남겨질 것이고, 이 잔해물들은 지구 주위를 시간당 수천 킬로미터의 속도로 돌면서 지구와 지구 주변에 위협을 가한다. 이제 수명을 다한 위성의 처리 방식은 인류가 다 같이 심각하게 고민해야 하는 중요한 문제가 되었다.

인공위성의 잔해물들은 매우 빠르게 운동하고 있기 때문에 동전 크기의 조각 하나도 값비싼 다른 위성에 커다란 위협이 될 수 있다. 허블우주망원경도, 솔라 맥시멈 미션Solar Maximum Mission, SMM 위성들도 떠도는 우주잔해물 때문에 동전만 한 구멍이 생겼다. 한때 우주시대를 선도하던 러시아연방우주청이 통제력을 상실하면서 프로그레스Progress 무인 화물 모듈처럼 커다란 고철 덩어리들도 많이 생겨났다. 이미 지구 주변을 떠돌고 있는 잔해물이 10만 조각을 넘어섰다고 하는데, 실제 얼마나 많은 잔해가 어디에 있는지 정확하게 파악할 수도 없다. 현재의 우주물체 감시 기술로는 위성을 파괴할 수 있는 우주잔해물 중 단 10퍼센트에 해당하는 큰 조각들만 추적할 수 있다.

지구 주변에 우주잔해물이 쌓이다 어느 정도를 넘어서면 포화상태가 될 것이며, 그때는 위성과 잔해물, 잔해물과 잔해물 사이의 충돌이 걷잡을 수 없이 생겨날 것이다. 이것이 영화 〈그래비티〉에도 등장하는 케슬러 증후군Kessler syndrome이다. 케슬러 효과라고도 불리는 이 현상은 나사의 과학자 도널드 J. 케슬러Donald J. Kessler가 1978년에 제기한 최악의 시나리오다. 이 시나리오에 따르면 지구 저궤도에서 물체들의 밀도가 어느 수준을 넘어서면 물체들 사이에 충돌이 일어나고, 이렇게 발생한 우주쓰레기 때문에 밀도가 더욱 높아져서 충돌 가능성은 계속 높아진다. 결국 궤도 상의 우주쓰레기들 때문에 위성을 쏘아 올릴 수 없고, 우주탐사는커녕 인공위성도 오랫동안 사용할 수 없게 될 것이다. 가상의 시나리오지만 가능성이 전혀 없다고도 할 수 없다. 기상, 통신, 방송, GPS, 시간 동기화, 국제 은행 업무 등 지금 우리 삶이 얼마나 인공위성에 의존하고 있는지를 안다면 이러한 상황에 이르지 않도록 미리미리 지구 주변의 우주를 보호해야 한다. 가장 중요한 것은 앞으로도 많은 우주잔해물을 만들어낼 폐기된 위성들을 제거하는 것이다.

최근에는 우주잔해물들이 일으키는 피해를 막기 위해 전 세계의 우주개발 엔지니어들이 독창적인 아이디어를 많이 제안하고 있다. 2014년에 발사된 영국의 TDS-1 같은 위성들은 수명이 다한 뒤 폐기까지 염두에 두고 설계되었다. TDS-1은 크랜필드대학교에서 고안한 작은 닻drag sail을 달고 있다. 이 닻은 수명이 다한 위성을 안전한 곳으로 이동시킨 다음 낙하산 역할을 하여 위성이 성층권에 자연스럽게 다시 진입할 때까지 고도를 낮춰준다. 성층권에 들어선 위성은 타 없어질 것이다. TDS-1은 크기가 작은 위성이라서 닻으로 이동시킨 후 소각하여 없애기에 충분하다. 이보다 크거나 높은 궤도에 있는 위성들은 고도를 낮춰줄 다른 이동 방식이 필요하다. 우주에서 수십 년간을 보낸 후에도 모든 시스템이 제대로 작동할 만큼 연료가 충분히 남아 있다면 스스로 궤도에서 내려오는 것도 가능하고, 그물이나 밧줄, 고출력 레이저 등을 사용하여 끌어내린다는 아이디어도 있다. 아직은 아이디어 수준이지만 곧 성공적으로 활용할 수 있을 것이다.

그런데 우주잔해물을 제거할 때 고려해야 할 미묘한 문제가 있다. 이 부분은 과학적, 기술적 문제가 아니라서 복잡하다. 가정을 해보자. 유럽이 우주쓰레기가 된 위성을 제거하려다가 러시아의 위성까지 궤도에서 이탈시키거나 비밀리에 활동 중인 미국의 스파이 위성 곁을 지나가려 한다. 어떻게 될까? 정치적 문제가 될 소지가 다분하다. 결론은 우주를 지속가능한 방식으로 사용하는 방법은 아직 찾아내지 못했고, 이 문제는 인류가 지구에서 지속가능한 개발 방법을 찾는 것만큼이나 복잡하다는 것이다. 아무튼 우리에게 당장 필요한 것은 실용적인 해결책이다.

이야기를 마무리하기 전에 곧 은퇴할 예정인 세계에서 가장 유명한 인공위성인 허블우주망원경의 퇴직 모습을 상상해보자. 현재까지 공개된 허블우주망원경의 은퇴 시나리오는 다음과 같다. 2020년의 어느 날 작은 우주선이 허블우주망원경과 접선하기 위해 발사될 것이다. 망원경과 만난 우주선은 스스로 망원경의 몸체에 부착된 뒤 엔진을 작동시켜 역추진하여 남태평양 부근으로 날아간다. 허블우주망원경만큼 커다란 위성은 부품 일부가 대기권을 지나면서도 남을 수 있으므로 사람이 살지 않는 바다 위 광활한 지역이 은퇴 장소로 적절할 것이다. 여러 다른 위성들, 비행기, 배 등이 이 망원경의 대기권 재진입을 관찰할 것이며, 이 망원경이 먼 우주를 바라보던 수십 년의 생을 마치고 밝은 혜성으로 변하는 순간을 담을 것이다. 허블우주망원경처럼 특별하고 긴 임무를 끝낸 위성의 마지막을 기념하기에 이보다 더

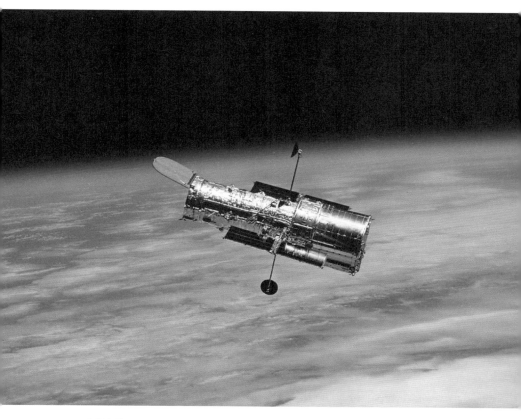

1990년 최초의 우주망원경인 허블우주망원경이 우주로 발사되었다. 우주왕복선 디스커버리 호에 실려
지구 밖 궤도에 안착한 허블은 2019년 현재 29년째 96분에 한 바퀴씩 지구를 돌며
환상적인 우주의 사진들을 전송하고 있다.(NASA/STScI)

어울리는 방법은 찾기 어려울 것이다.

## 우주물체 감시는 전 인류의 일

　우주물체를 감시하는 분야는 국방과 밀접한 관련이 있다. 우주개발 선진국인 미국은 힘을 통한 평화를 강조하는 우주전략을 오랫동안 구축해왔다. 국제적으로는 우주상황인식Space Situational Awareness, SSA이란 조직을 만들어서 우주물체 감시를 위한 국제 협력 체계를 갖추고 있다. 미국은 현재 지름 2센티미터 이상의 우주쓰레기를 탐지하는 것을 목표로 우주 감시 레이더 시스템 '우주울타리Space Fence'를 구축하고 있다. 우주울타리는 2019년 하반기부터 운영될 예정이다.

　지금까지 미국 못지않게 많은 위성을 쏘아 올린 러시아는 우주 위험을 감시하기 위해 시설과 계획들을 재정비하고 유엔의 권고안을 수용하기 위해 노력하고 있다. 러시아에는 미국처럼 우주상황인식만 전담하는 별개의 조직은 없으나, 냉전 시기에 미국에 대응하기 위해 구축해둔 대규모 광학 감시 시스템, 레이더 감시 시스템을 지금도 정상적으로 운영하고 있다. 유럽은 우주상황인식 개념을 적극적으로 확대하여 인공 우주물체뿐 아니라 자연 우주물체, 태양 활동의 영향 등을 포괄적으로 감시하는 시스템을 구축하고 있다. 유럽우주국은 여기에 더해 민간이 주도하는 종합적인 계획도 마련하고 있다.

한국천문연구원 우주물체감시실에서 위성 추락 상황을 대비하여 모의 훈련을 하고 있다.(한국천문연구원)

아시아에서는 우주 감시 분야에서 주도권을 선점하려는 일본이 가장 앞서 있다. 일본항공우주국JAXA은 우주상황인식 활동을 계속 해 왔기 때문에 우주쓰레기 관측 기술, 관측 데이터 분석 기술, 궤도 계산, 접근 분석 기술을 보유하고 있고, 이를 활용한 우주상황인식 관련 연구도 활발하다. 일본에서는 민간과 정부기관이 하나가 되어 국가 차원에서 우주상황인식 운용 체제를 구축하려 하고 있다.

대표적인 국제기구인 유엔도 우주잔해물의 위험을 낮추기 위한 국제 협력을 강화하고 있다. 국제사회는 우주잔해물의 증가가 지속가능한 우주개발 환경을 구축하는 데 가장 위협적인 요소라고 판단하고 유엔을 중심으로 우주잔해물을 줄이기 위해 노력하고 있다.

우리나라에서는 한국천문연구원과 항공우주연구원, 위성전파감시센터, 공군이 협력 체계를 갖추고 독자적인 우주물체 감시 능력을 확보하기 위해 노력하고 있다. 현재 인공 우주물체는 어느 정도 자력으로 예측할 수 있는 수준이다. 그러나 자연 우주물체에 대한 위험 대응은 해외 자료에 의존하고 있다.

먼 우주의 우주날씨

## 얇은 자기권으로 겨우 버티는 행성

화성은 여러모로 우리와 친숙한 행성이다. 그 붉은 표면이 삭막해 보이는 화성은 그리스·로마 신화에서 전쟁의 신인 마르스를 상징하기도 하고, 여러 SF영화에서 지구를 공격해 오는 외계인들의 근거지로 자주 등장했다. 지구인들은 달을 넘어서는 그 순간 외계 생명을 만나리라는 기대를 안고 화성으로 향했다. 아직까지는 결과가 실망스럽지만 말이다.

2015년 11월 6일자 《사이언스》의 표지는 화성의 대기를 탈출하는 산소 입자들과 화성 주변의 복잡하고 현란한 자기력선을 그린 그림을 실었다. 상상도이긴 하지만 화성탐사위성 메이븐MAVEN이 관측한 결과를 바탕으로 과학적 사실을 그린 그림이다. 2013년 11월에 나사

화성 주변의 자기권이 태양풍에 의해서 시간이 지남에 따라 벗겨져나가고 있다.(NASA)

가 화성으로 보낸 인공위성 메이븐은 화성이 지금처럼 생명체가 존재
할 수 없는 불모의 땅이 된 이유가 태양풍과 그로 인한 대기와 자기장
의 손실 때문이라는 가설에 힘을 실어주었다.

앞에서 설명했듯이 태양풍은 태양에서 뿜어져 나오는 거대한 플
라스마 덩어리다. 단순하게 설명하면 에너지가 높은 엄청난 양의 양성
자와 전자 덩어리다. 전하를 띠고 있기에 그 흐름은 전류를 만들고, 움
직이는 전류는 그 내부에 강한 자기장을 품게 된다. 그렇게 전기와 자
기를 띠고 있는 바람이 지금 이 순간에도 끊임없이 태양에서 출발해 지
구 방향으로 불어오고 있다. 태양에서 불어 나오는 '바람' 같은 것이라

는 의미로 태양풍이라고 이름 붙였다. 태양의 바람은 지구만 맞는 것이 아니다. 태양계 행성이라면 모두 태양풍의 영향을 고르게 받는다.

과학자들에 따르면 약 40억 년 전 화성은 내부에서 자성을 띤 물질들의 움직임이 아직 밝혀지지 않은 어떤 이유로 완전히 멈춘 후 지표면의 광물에 있는 잔류 자기 정도만 약하게 남게 되었다. 초기 화성은 현재의 지구처럼 지각 내부에서 자성을 띤 금속 물질들이 움직여서 자기장이 생성되었을 것이다. 다시 말해, 초창기 화성은 지구의 자기권 같은 두껍고 강력한 자기권이 태양풍으로부터 잘 보호해줬을 것이다. 하지만 현재의 화성은 이러한 영구적 자기장이 없다. 그래도 화성 표면의 일부 지역에 국소적이나마 약한 자기장이 남아 있다는 사실이 최근 인공위성의 관측 결과들로 알려졌다.

화성은 자기권이 거의 없기 때문에 화성의 전리층이 태양풍에 직접 닿게 되었고, 그 결과 대기가 갈수록 양파 껍질 벗겨지듯 조금씩 벗겨져나가고 있다. 시간이 지날수록 점점 더 얇아지고 있는 화성의 자기권은 그나마 남아 있는 화성의 대기를 점점 더 희박하게 해 화성을 생명체가 살기에는 너무 척박한 곳으로 만들고 있다. 외계에서 살아 있는 생명체를 발견하려면 가장 먼저 고려해야 할 사항이 행성에 자기장이 있는지의 여부다. 자기장이 없으면 태양풍과 우주방사선으로부터 생명을 보전할 수 없다.

화성의 대기는 지구와는 완전히 다르다. 산소와 질소로 이루어진 지구의 대기와 달리 화성의 대기는 대부분이 이산화탄소다. 화성 표면의 기압과 대기의 질량도 지구의 0.5퍼센트밖에 되지 않을 정도로 매우 가볍다. 따라서 화성의 대기는 가만히 두어도 스스로 천천히 우주로 빠져나가고 있다. 여기에 거대한 태양풍이라도 맞으면 더욱 많은 양의 대기가 한꺼번에 우주로 빠져나간다. 메이븐의 관측에 따르면 2015년 3월에 일어난 거대한 태양폭풍 때 엄청난 양과 속도의 태양풍과 행성 간 자기장이 지금까지 관측된 것 중 가장 큰 규모로 화성의 대기를 손상시켰다. 행성 간 자기장Interplanetary Magnetic Field, IMF은 태양에서 발생하며 태양풍이 전달한다. 이 폭풍으로 안 그래도 매우 얇았던 화성의 대기가 훨씬 많이 벗겨져나가 버렸다

그렇다면 혹시 화성이 태양풍의 영향을 덜 받았다면, 그래서 자기장이 현재까지 건재하다면, 화성은 액체 상태의 물도 흐르고 대기도 두툼해서 지금 같은 삭막한 모습과는 달랐을까? 초기 화성의 환경은 지금의 지구와 유사했을 것으로 예상된다. 따라서 과거에는 액체 상태의 물이 존재했을 것이다. 실제로 그 증거들이 속속 발견되고 있다. 화성 표면에 물이 존재했던 흔적은 2000년에 이미 밝혀졌고, 얼음 형태의 물이 존재하고 있다는 사실은 2008년에 밝혀졌다. 2015년 9월에는 나사가 현재 화성에 액체 상태의 물이 '소금물' 형태로 흐르고 있다고 발표했다.

그렇다면 생명체는 어떨까? 일단 생명체의 존재 여부를 추측하려면 그곳에 자기장이 건재하다는 전제가 있어야 한다. 어떤 행성에 생명체가 살아 있을 가능성이 있는지 없는지, 과거 한때지만 생명체가

있었는지 판단할 때 가장 먼저 확인해야 할 사항이 바로 자기장이다. 그 행성에 과거 어느 시점에라도 자기장이 있었다면 그 행성의 생명체에 대해 궁금해해도 된다. 그런 의미에서 과거에 자기장이 있었고 지금도 약하나마 자기장이 있는 화성은 생명체에 대한 호기심을 불러일으키기에 충분하다. 인류는 아주 오래전부터 외계 생명체의 가능성을 이야기할 때 화성을 가장 먼저 떠올리며 궁금해했다. 화성에는 생명체가 살고 있을까? 아니면 과거 어느 때인가 생명체가 있었을까? 그리고 지구의 생명체가 화성에 가서 살 수 있을까? 이 흥미로운 질문들에 대한 답은 아직 정확하게 알 수 없다.

화성 유인탐사는 우주개발 역사가 시작될 때부터 최대 관심사였다. 미국은 우주왕복선으로, 러시아는 소유즈 우주선으로 우주 유인탐사, 더 나아가 화성 유인탐사의 가능성을 계속 시험하고 있다. 미국은 여러모로 가장 발빠르게 움직이고 있다. 2004년 조지 부시 행정부는 '달과 화성, 그리고 그 너머Moon, Mars and Beyond' 계획을 발표하고 유인 화성탐사를 현실화하기 시작했다. 이 같은 태양계 탐사 계획은 버락 오바마 정부에서 더욱 구체화되었다. 당시 오바마 대통령은 화성 지표면에 인류를 정착시켜 장기간 거주하는 이른바 '발전 가능한 화성 이주 계획Evolvable Mars Campaign'을 발표했다.

민간 기업들의 우주개발 투자도 인류의 화성 거주를 위한 노력에 상당한 동력이 될 것 같다. 일론 머스크가 창업한 스페이스엑스SpaceX 사를 비롯해 스페이스 어드벤처Space Adventure, 에어로스페이스Aerospace

등 여러 기업이 대형 우주선, 개인 우주선, 우주 택시, 우주 리조트, 달과 화성 정착촌 건설 등의 우주 사업에 투자하고 있다. 더욱이 비영리 기구인 마스원Mars One의 2026 화성 이주 프로젝트도 전 세계인의 주목을 끌고 있다.

우리나라도 장기적인 우주탐사 계획을 세우고 있다. 바로 '우주개발 중장기 진흥계획(2014~2040)'이다. 이 계획에 따르면 2023년에는 달 궤도선을 보내고, 2025년에는 달 궤도선뿐 아니라 달 착륙선과 로버까지 보내는 것이 목표다(이 계획은 최근에 수정되어 2022년에 달 궤도선을 보내는 것으로 결정되었다). 그리고 2030년에는 화성탐사선을 발사하고, 2040년에는 심우주 탐사 등을 진행하는 계획도 포함되어 있다.

인류는 장기적으로 화성 이주를 꿈꾸고 있다. 따라서 화성의 대기 상태를 파악하고, 강력한 태양폭풍이 발생할 때 화성 대기에 어떤 변화가 일어날지 예측하는 일은 매우 중요하다. 화성처럼 자기장이 얇은 곳에서는 태양폭발이 예측되면 태양풍과 우주방사선의 피해를 막을 수 있는 피난처를 만들어야 한다. 이를 위해서는 화성을 관측하는 인공위성의 지속적인 관측 자료가 더욱 절실하다.

관측 자료에 따르면 화성에도 오로라가 있다. 화성의 오로라는 그 존재가 이미 여러 번 확인되었다. 2005년 화성탐사선 마스 익스프레스Mars Express가 화성의 오로라를 처음으로 관측했다. 지구에서는 우주에서 날아온 입자들이 지구 대기를 구성하고 있는 산소 원자나 질소 분자와 부딪쳐 초록색이나 빨간색 오로라를 만들어낸다. 그렇다면 대기의 대부분이 이산화탄소인 화성의 오로라는 무슨 색일까? 2014년 화성탐사선 메이븐은 화성의 신비로운 파란색 오로라를 찍어 지구로 보내주었다.

화성의 오로라를 지구에서 재현하는 재미있는 실험도 진행되었다. 나사와 유럽우주국의 공동 연구팀이 이산화탄소가 풍부한 화성의 대기와 태양풍 등을 인공으로 만든 후 오로라가 일어나도록 실험을 했더니 맨눈으로도 볼 수 있을 만큼 진한 파란색 오로라가 나타났다.

## 기체로 된 거대 행성의 우주날씨

기체로 이루어진 목성에는 생명체가 존재하기 힘들다. 따라서 목성은 화성만큼 사람들의 주목을 받지는 못했다. 목성의 우주날씨도 화성만큼 많이 알려지지는 않았다. 하지만 목성 자체가 연구할 가치가 높다 보니 최근 많은 과학자가 활발하게 연구하고 있다. 특히 최근에는 목성의 자기권에 매우 거대하고 지구보다 훨씬 규모가 큰 방사선대가 존재한다는 사실이 밝혀지면서 주목을 받고 있다.

목성은 태양계의 다섯 번째 행성이자, 태양계 행성 중 가장 크고 무겁다. 목성의 질량은 다른 태양계 행성들을 모두 합한 것보다도 무겁다. 태양계에서 99.85퍼센트의 질량을 태양이 차지하고, 목성은 나머지 0.15퍼센트 중에서 약 3분의 2인 0.095퍼센트를 차지한다. 대기는 대부분 수소와 헬륨으로 이루어져 있다.

목성의 자기장은 그 덩치만큼 매우 강력하고 거대한데, 지구의 자기장보다 무려 14배나 강하며 전체 태양계에서 태양의 흑점을 제외하면 가장 강력하다. 자기장이 강력한 만큼 목성의 자기권은 매우 크게 펼쳐져 있다. 심지어 멀리 떨어져 있는 토성 궤도까지 이를 정도다. 이렇게 강력한 자기장의 원인은 목성 내부에서 액체 금속 수소가 순환하기 때문인 것으로 추정된다. 목성의 자기권은 지구 자기권 같은 내부 구성요소들을 모두 갖추고 있고, 지구의 밴앨런대 같은 방사선대역시 훨씬 크고 두껍다. 따라서 목성은 우주과학 연구자들에게 매우매력적인 행성이다. 아직 밝혀진 것이 많지 않은 만큼 할 일도 많이 남아 있는 셈이다.

목성은 특히 위성의 수가 매우 많고 특징도 다양하다. 2018년까지 공식적으로 확인된 목성의 위성은 모두 79개다. 그만큼 연구 가치가 큰 위성도 많다. 위성 중 하나인 가니메데는 현재까지 발견된 태양계 행성의 위성 중 가장 크고, 심지어 수성보다도 크다. 또 다른 위성 유로파는 빙하 밑에 생명체가 있을 것으로 추정돼 탐사 계획이 추진되고 있다. 이오는 화산 활동이 매우 활발해 과학자들의 관심을 끌고 있다.

현재까지 목성을 탐사하기 위한 탐사선은 1996년에 발사된 갈릴레오와 2011년에 발사된 주노가 있다. 주노는 외행성(지구를 중심으로 안쪽에 있는 수성과 금성을 내행성, 화성부터는 외행성이라고 한다) 탐사가 목표인 뉴프런티어 계획의 일부로 추진되었다. 2011년에 발사된 주노는

목성 자기권의 구조를 상상한 그림이다. 전체적인 모양은 지구 자기권과 유사하지만,
크기는 100배 정도다.(NASA)

5년 동안 심우주 비행, 지구 스윙바이swingby* 등을 거친 후 2016년 7월
4일에 목성 궤도에 도착했다. 그리고 1년 8개월 동안 목성의 극궤도를
돌며 대기 성분, 중력장, 자기장, 대기 변화, 극 부근의 자기권을 조사
했다. 가장 의미 있는 점은 갈릴레오 탐사선이 목성의 외부만 조사한
반면 주노는 목성의 내부 층들을 샅샅이 들여다봤다는 점이다. 주노
는 원래 2018년 초에 임무를 마치고 목성의 구름을 뚫고 들어가 마지
막 정보를 수집하고 파괴될 예정이었으나 임무 수행이 2021년까지로
3년 연장되었다.

---

\*　　스윙바이란 우주탐사를 할 때 이웃에 있는 행성의 중력을 이용하여 궤도를 조정하는 방법이다. 우
주선이 목성같이 중력이 큰 행성의 궤도를 지날 때 행성의 중력에 끌려 들어가다 '바깥으로 튕겨져 나가듯'
속력을 얻는다. 다른 말로 '중력보조' 혹은 '행성 궤도 접근 통과flyby'라고 한다.

## 태양계 행성의 지위는 잃었지만
## 깊은 우주의 시작이 된 행성의 날씨

명왕성은 화성과 목성보다 훨씬 멀리 있고 크기도 작아서 우주날씨가 거의 연구되지 않았다. 하지만 2015년에 뉴호라이즌스가 발사된 지 10년 만에 명왕성에 도착하면서 많은 사람의 주목을 끌고 있다.

유명한 이야기지만, 2006년 국제천문연맹 총회에서 명왕성은 태양계의 행성 자격을 '박탈'당했다. 이제 명왕성은 더 이상 태양계 행성이 아니다. 태양계 행성 가족에서 제외된 명왕성은 현재 왜소행성dwarf planet 134340이라고 불린다. 명왕성이 행성 지위를 잃게 된 이유는, 다른 행성들처럼 충분히 크고 무겁지 못한 데다 태양계 외곽에서 명왕성과 크기와 질량이 비슷한 천체들이 수천 개 이상 발견되었기 때문이다. 뉴호라이즌스 계획의 총 책임자인 앨런 스턴Alan Stern 박사를 비롯한 일부 과학자들처럼 명왕성을 왜소행성으로 취급하는 것에 동의하지 않는 사람들도 있지만, 현재 명왕성은 행성이 아니다(그런데 2021년에 열릴 다음 번 국제천문연맹 총회에서는 명왕성의 행성 지위를 복권하는 투표가 진행될 예정이다).

이렇게 '힘없이' 행성의 지위에서 밀려난 명왕성은, 지난 2015년 7월 뉴호라이즌스 탐사선이 도착한 후 새로운 관측 자료와 환상적인 사진들을 보내 오면서 다시금 사람들의 주목을 받고 있다. 뉴호라이즌스 위성은 2006년 발사되어 무려 9년 6개월을 날아 명왕성에 도착했

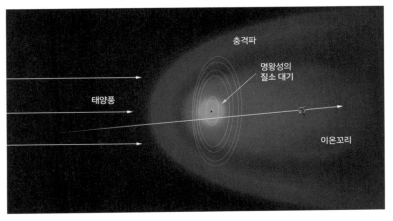

뉴호라이즌스의 태양풍 관측용 탑재체(Solar Wind Around Pluto, SWAP)의 측정 결과로 유추한 태양풍과
명왕성의 상호작용. 태양풍을 정면으로 맞는 앞쪽에는 충격파가 형성되고,
뒤쪽으로 길다란 이온꼬리가 형성된다.(NASA)

다. 명왕성에 접근한 뉴호라이즌스는 명왕성과 그 위성 카론의 지형과
대기, 화학 조성, 내부 구조 등을 조사해 자료들을 지구로 보내고 있다.

명왕성의 희박한 대기는 지표에서 1,600킬로미터 바깥쪽까지 확
장되어 있고, 자기권은 존재하지 않는다. 자기권이 없으니 태양풍과의
상호작용을 생각할 필요가 없을 것 같지만, 뉴호라이즌스의 관측 결과
에 따르면 그렇지 않다. 두꺼운 대기층이 태양풍과 상호작용을 일으켜
명왕성의 태양면에는 지구 자기권 최외곽에 있는 것과 같은 충격파면
이 형성되어 있다. 태양의 자외선으로 이온화된 명왕성의 대기층 가장
바깥쪽에 있는 대기는 태양풍과 만나면서 혜성의 꼬리 같은 긴 이온꼬
리를 형성한다.

뉴호라이즌스가 보낸 여러 자료 가운데 특히 사람들을 매혹시킨 것은 명왕성의 선명한 사진들이다. 뉴호라이즌스가 도착하기 전까지 명왕성은 그저 반지름이 10픽셀 남짓 되는 흐릿한 원이었다. 명왕성은 태양에서 약 40AU(지구와 태양 사이 거리가 1AU이므로 지구와 태양 사이의 거리의 40배)만큼 멀리 떨어져 있고, 겉보기 등급이 약 15등급(밤하늘에서 육안으로 볼 수 있는 가장 어두운 밝기보다 약 4,000배 더 어두운 밝기)에 이를 만큼 어두워서 선명한 관측 사진을 얻을 수 없었으니 그럴 수밖에 없었다. 하지만 뉴호라이즌스가 보낸 명왕성의 사진들은, 한때는 태양계의 마지막 행성이었으나 이제는 머나먼 태양계 바깥을 향하는 관문으로서 우주에 대한 호기심을 더할 나위 없이 자극하는 명왕성의 생생한 모습들을 보여준다. 특히 명왕성 표면에 선명하게 드러난 하트 모양은 사람들의 호기심을 자극하기에 충분하다. 이 하트 모양은 명왕성의 스푸트니크 평원이 만들어낸 하얀색 분지 지형이다.

1980년대 보이저 1호와 2호가 명왕성을 제외한 다른 행성들을 탐사했지만, 명왕성은 인류에게 여전히 미지의 영역이었다. 뉴호라이즌스가 명왕성에 도착하기 전까지는 명왕성에 대해 연구할 것도, 밝혀진 것도 거의 없었다. 이런 상황에서 뉴호라이즌스의 명왕성 탐사는 말 그대로 명왕성 연구에 '새로운 지평New Horizon'을 열어주고 있다.

## 인공위성의 고향에서 만난 지구인의 유서

2018년 여름 나는 미국 캘리포니아 주 패서디나에서 열린 국제 우주과학위원회Commission on Space Research, COSPAR 학술대회에 참석했다. 나의 발표 주제는 현재 개발 중인 인공위성에 새롭게 적용한 우주기술과 이 위성으로 관측하고자 하는 우주물리 현상 등에 관한 내용이었다. 세계 유수의 학자들이 한자리에 모여 최근까지 각자가 이룬 성과들을 테이블에 올려놓고 자유롭게 논의하고 격의 없이 토론하며 질문할 수 있는 이런 자리는 학자로서는 축복이다. 내가 해보려는 연구를 나보다 앞서서 시도한 과학자들의 조언 한마디는 세상 무엇과도 바꿀 수 없는 소중한 선물이다. 이를 위해 많은 과학자가 각자의 분야에서 저명한 대가들이 참석하는 권위 있는 국제 학술대회를 찾는다. 그런데 내가 이 해 COSPAR 학술대회에 참석한 데는 특별한 목적이 하나 더 있었다.

이번 COSPAR가 열린 패서디나는 제트추진연구소Jet Propulsion Laboratory, JPL의 고향이기 때문이다. JPL은 인공위성을 만드는 것이 직업인 나 같은 사람에게는 꿈의 장소다. 나사의 여러 연구소 중 하나인 이 연구소는 캘리포니아공과대학Caltech이 운영하고 있다. JPL은 미국 최초의 인공위성인 익스플로러 1을 비롯해, 지금은 태양권계면 근처까지 나가 있는 보이저 위성들을 처음부터 설계하고 만들고 운용하고 있는 곳이다. 이 연구소는 화성, 토성, 목성 등 태양계 주요 행성에 직

1년 예산 2조 원에 6,000명이 근무하는 거대 연구소 JPL의 전경(위키피디아)

접 만든 탐사위성들을 보내 성공적으로 운영하고 있다. 인공위성을 만들고 우주날씨를 연구하는 학자로서 나는 우주시대의 포문을 연 곳이자 가장 앞서가는 최첨단 우주기술을 보유하고 있는 JPL을 꼭 가보고 싶었다. JPL을 방문하는 날까지 어린아이가 처음으로 놀이공원에 가는 날을 기다리는 것처럼 두근거리는 마음을 진정시키기가 힘들었다. JPL을 방문하여 이곳에 재직하는 재미 한국인 동료 과학자의 친절하고 상세한 안내를 받으며 연구소 내부를 두루 살펴보는 호사를 누렸으니, 우주과학자로서는 최고의 일정이었다.

뒷마당에서 로켓 실험을 한 세 사람. 프랭크 말리나(왼쪽에서 세 번째), 잭 파슨스(왼쪽에서 네 번째),
에드 포먼(왼쪽에서 다섯 번째)의 모습이다(1936년 11월 15일).(NASA/JPL-Caltech)


　　JPL은 프랭크 말리나Frank K. Malina, 잭 파슨스Jack Parsons, 에드 포먼Ed
Forman이라는, 엉뚱하기 그지없는 세 청년의 모임에서 시작되었다. 프
랭크 말리나는 캘리포니아공과대학교 학생이었고, 나머지 둘은 공상
과학소설과 로켓을 좋아하는, 동네에서 놀기 좋아하는 괴짜 젊은이들
이었다. 세 사람은 무모한 용기로 자신들의 집 뒷마당에서 로켓 실험
에 도전했다. 이들의 초창기 실험은 번번이 실패로 끝났고 사람이 실
제로 다칠 뻔한 적도 여러 번 있었기 때문에 주위 사람들은 그들을 '자
살특공대'라고 불렀다. 그런데 이 괴짜들의 연구의 중요성을 알아챈

캘리포니아공과대학교의 시어도어 폰 카르만Theodore von Karman 교수가 이들을 정식으로 학교 연구소로 편입시키고 '제트추진연구소'라는 이름을 붙여주었다. 실제로 로켓을 연구하고 있었음에도 '로켓 연구소'라고 하지 않은 이유는 1930년대 당시 로켓이라는 단어가 공상과학소설 같은 데서 남용되고 있었기 때문이라고 한다.

어쨌든 이 기관은 설립 당시부터 연구소 이름에 포함된 비행기의 제트 엔진이 아니라 우주용 로켓 엔진만 연구했다. 제2차 세계대전이 발발하자 로켓의 중요성을 인식한 미 군부는 JPL을 적극 지원하기 시작했다. 캘리포니아공과대학교가 실질적인 운영을 맡게 된 이 연구소는 거액의 연구비를 대는 미 육군의 소속이 되었다. 이렇게 시작된 JPL은 오늘날 1년에 2조 원의 예산을 쓰고 근무자가 6,000명이 넘는 거대한 조직이 되었다.

JPL 연구소 초입에는 현재까지 개발한 위성들의 실물 크기 모형을 전시한 전시관이 있다. 전시관에서 가장 눈길을 끄는 것은 보이저호에 실린 황금레코드의 대형 모형이다. 보이저 1호와 2호에 실린, 지구와 인류에 대한 각종 정보를 담은 이 황금색 LP 디스크는 12인치 구리 디스크에 금박을 입혔기 때문에 황금레코드Golden Record라는 이름이 붙었다. 음반의 공식 이름은 '지구의 소리The Sound of Earth'다.

황금레코드를 실어 보내자는 아이디어는 천문학자 칼 세이건Carl Sagon이 냈다. 보이저가 먼 우주를 항해할 때 혹시 만날지도 모르는 외계 생명체에게 지구인들에 대한 정보를 알려주기 위해서였다. 황금레

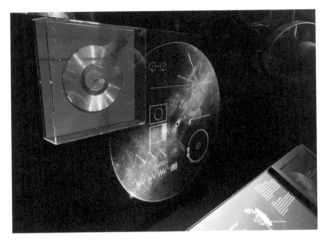

JPL 전시관에는 보이저 호에 실린 실제 크기의 황금레코드 모형(왼쪽)과
확대 모형(오른쪽)이 전시되어 있다.

JPL 위성관제소 내부의 모습이다.

코드에는 총 116장의 사진과 한국어를 포함한 55개 언어로 된 환영 인사말, 칼 세이건과 다른 과학자들이 심사숙고해서 고른 바흐의 〈브란덴부르크 협주곡〉, 모차르트의 〈마술피리〉 등 인류를 대표하는 명곡들이 담겨 있다.

한 가지 염두에 두어야 할 사실은, 당시는 미국과 소련 간 냉전이 한창이어서 사람들은 핵전쟁 때문에 인류가 오래 버티지 못할 거라고 생각하며 보이저 호와 황금레코드를 만들었다는 점이다. 당시 사람들은 인류는 곧 멸망하겠지만, 수십억 년 후라도 우연히 외계 생명체가 이 황금레코드를 발견할지도 모른다고 생각했다. 아마 과학자들은 과학자이자 인간으로서 사명감을 가지고 인류의 마지막 기록에 들어갈 자료들을 신중하게 골랐을 것이다. 사실 이 물건을 외계인이 볼 가능성이 그리 높지 않다는 것은 이걸 만든 사람들도 알았을 것이다. 그럼에도 굳이 레코드를 만들어 보이저에 실어 보낸 이유는 이것이 인류의 유서이기 때문이었다. 핵전쟁의 위협이 실존하던 때, 실수로라도 핵전쟁이 일어나 문명이 절멸할 가능성이 없지 않던 때의 이야기를 떠올리며 황금레코드를 다시 보니 자못 비장한 분위기마저 감돌았다.

방문객들을 위해 준비된 전시관을 지나 JPL의 심장부로 깊숙이 들어가면, 이번 방문에서 가장 인상적인 장소였던 JPL 위성관제소Space Flight Operation Facility가 나타난다. JPL의 랜드마크로 명성 높은 이곳은 1985년 만들어진 이후 우주에서 작동하고 있는 모든 JPL 위성들의 위치를 추적, 관리하고 있다. JPL 위성관제소의 커다란 전광판 한쪽 면을 차지하고 있는 위성 운용판에는 숨 막힐 듯이 감동적인 숫자들이 반짝이고 있었다. 그때의 느낌을 어떻게 설명해야 할지 모르겠다. 이 숫자는 JPL에서 보낸 모든 위성이 '우주시민'이 된 지 얼마나 됐는지 보여주는 숫자들이다. 특히 우주에 나간 지 가장 오래된 보이저 2호의 '40년 331일 8시간 26분'이라는 기록을 보는 순간 나는 말문이 막혀버렸다(2018년 7월 18일 22:55:50 협정세계시 기준). 우리나라도 언젠가는 먼 우주에 우리가 만든 위성들을 보낼 것이다. 우리가 만든 위성들이 우주로 나간 지 얼마나 됐는지, 지금 어디에 있는지 한꺼번에 모아놓고 모니터링하는 날이 올 것이다. 그런 멋진 날이 남은 내 생애 안에 일어나기를 간절히 소망한다.

## ● 먼 우주로 향하는 보이저 탐사선

2018년 12월 10일, 미국 항공우주국 나사는 보이저 2호가 태양권의 바깥 경계인 태양권계면을 벗어나 성간물질로 진입했다고 보도했다. 때마침 나는 미국 워싱턴 D.C.에서, 지구물리학 분야에서 가장 큰 학술대회인 미국지구물리학회American Geophysical Union, AGU에 참석하고 있었다. 보이저 연구팀은 이 학회에 참석한 각국의 우주과학 연구자들에게 가장 먼저 이 기쁜 소식을 알려주었다. 사실 태양권 탈출은 보이저 2호가 최초는 아니다. 이미 6년 전인 2012년에 보이저 1호가 처음

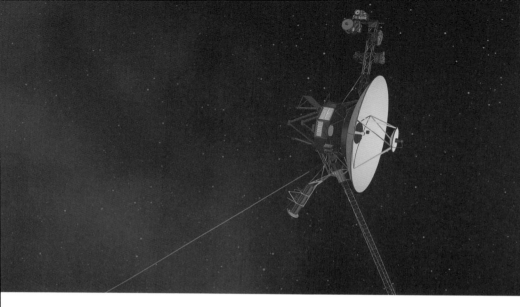

보이저 1호(NASA)

으로 태양권을 탈출했다. 그렇지만 발사는 보이저 2호가 좀 더 빨랐다. 보이저 1호는 태양계를 가로질러서 목성과 토성에 좀 더 가깝게 나아 갔고, 보이저 2호는 조금 느리지만 천왕성과 해왕성을 모두 근접 통과 하도록 계획되었기 때문이다.

보이저 계획은 우주탐사 역사에서 하나의 전설이다. 보이저 탐사 선은 우리에게 태양계 외행성에 대한 풍부한 정보를 가져다주었으며, 지금까지 가장 먼 우주공간을 탐험하는 선구자다.

나사의 과학미션 이사회 앨런 스턴 부회장의 말대로 보이저의 여

정은 전설이 되고 있다. 지금 이 순간도 잘 작동하고 있는 보이저 1호는 나사가 태양계 관측을 위해 발사한 722킬로그램짜리 무인 우주탐사선이고, 2호와는 쌍둥이다. 지금은 관측 대상이 태양권을 벗어났지만 애초 보이저 계획Voyager(여행자)은 목성, 토성, 천왕성, 해왕성을 조사하기 위한 우주탐사 계획이었다. 보이저 계획에 따라 1977년 9월 5일 케네디우주센터가 있는 플로리다 주 케이프 커내버럴에서 발사된 보이저 1호는 1979년 3월 5일에 목성을, 1980년 11월 12일에 토성을 지나면서 이 행성들과 그 위성들에 관한 많은 자료와 사진을 지구로 전송했다. 1989년에는 본래 임무인 목성, 토성과 위성들, 토성의 고리 탐사를 모두 성공적으로 마쳤고, 현재는 보이저 성간 임무Voyager Interstellar Mission를 새롭게 부여받아 태양권heliosphere에서 태양풍과 성간매질 입자를 관측하고 있다.

성간매질interstellar medium은 항성들 사이나 항성 바로 근처에 존재하는 물질이나 에너지다. 주로 기체인 성간매질은 99퍼센트의 가스 입자와 1퍼센트의 먼지로 구성되어 있다. 우리 모두 알다시피 항성 간 우주공간은 비어 있지 않다. 이러한 성간매질이 항성 간 우주를 채우고 있는 것이다.

보이저는 원래 매리너 계획Mariner program의 일부였다. 매리너 계획은 수성, 금성, 화성 탐사가 목적이었고, 이에 따라 매리너 10호까지 발사되었다. 보이저 1호는 원래 매리너 11호로 명명될 예정이었지만, 계획이 변경되어 보이저란 이름을 얻었다. 계획이 변경된 데에는 '행성간 대여행(그랜드 투어)'을 가능하게 만들었던 당시 행성 배치의 영향이 컸다. 운이 좋게도 당시 행성들의 배치가 서로 일렬로 가까워진 시기라서 중력보조 기술을 사용하여 최소한의 연료만으로 알뜰하게 태양계의 모든 행성을 둘러볼 수 있는 기회를 잡은 것이다. 보이저 1호는 1977년 8월 20일에 발사된 보이저 2호보다 발사는 늦었지만 더 빠른 궤도로 움직였기 때문에 보이저 2호보다 목성과 토성을 먼저 탐사했다. 보이저 2호는 1979년 7월 9일에 목성을, 1981년 8월 26일에 토성을, 1986년 1월 24일에 천왕성을, 1989년 2월에 해왕성을 지나가면서 이 행성들과 위성에 관한 많은 자료를 지구로 보내주었다. 지금도 미지의 우주공간을 항해하고 있는 보이저 탐사선은 다섯 개의 탑재체로 태양풍과 고에너지 입자, 자기장과 전파를 조사하고 있다.

보이저들은 연료 공급원으로 태양전지판도 싣고 있다. 하지만 화성보다 멀리 나가면 태양과의 거리가 너무 멀어져서 태양전지판은 소용이 없어진다. 이때 전력을 얻을 수 있는 장치가 바로 방사성 동위원소를 활용한 원자력 전지다. 원자력 전지는 플루토늄이나 우라늄 같은 방사성 동위원소가 자연 붕괴할 때 발생하는 열을 전력으로 바꾸는 장비다. 보이저는 원자력 전지 덕분에 그렇게 멀리까지 오랫동안 여행할 수 있었다. 보이저에 탑재된 원자력 전지는 당초 예상했던 기대수명을 크게 넘어서 현재도 잘 작동하고 있다. 예상대로라면 2025년까지 지구와의 통신을 유지하는 데 충분한 전력을 공급할 수 있을 것이다. 하지만 그 이후 실려 있는 플루토늄 연료가 바닥나면 영원히 우주 속으로 사라질 것이다.

그렇다면 이렇게 멀리 있는 보이저들은 어떻게 지구와 통신을 주고받을까? 전 세계에 있는 안테나 시스템인 나사의 딥 스페이스 네트워크Deep Space Network를 통해 지구와 연락한다. 탐사선들은 지구와 너무 멀리 떨어져 있어, 지구에서 내린 명령이 빛의 속도로 전달되더라도 보이저 1호까지는 14시간, 보이저 2호까지는 12시간이 걸린다.

## 태양계와 태양권

사람들이 흔히 헷갈리는 것이 '태양권'이라는 용어다. 태양계solar system는 알겠는데 태양권heliosphere은 뭘까? 누구나 알고 있듯이 태양계는 태양을 중심으로 여덟 개의 행성으로 이루어져 있다. 2006년 명왕성이 행성의 지위를 박탈당하면서 태양계의 가장 바깥에 있는 행성은 해왕성이 되었다. 그렇다면 태양계의 가장 바깥쪽 경계는 해왕성인가? '바다의 신'이라는 이름의 해왕성은 태양과 지구 사이 거리의 30배 정도인 30AU에 위치한다. 이쯤이 태양계의 끝일까?

하지만 해왕성 바깥에도 행성들이 존재한다. 행성에서 왜소행성으로 지위가 바뀐 명왕성은 물론이고 그 밖에도 셀 수 없이 많은 소행성이 분포하고 있다. 태양권이란 이 작은 행성들과 소행성까지 포함하는, 공간적으로 훨씬 광대하고 포괄적인 개념이다. 태양권은 태양이 영향력을 미칠 수 있는 공간이며, 태양에서 나오는 태양풍 입자들과 태양 자기력선이 관측되는 마지막 지점까지가 그 경계다. 이 경계면이 태양권계면heliopause이다. 이곳은 태양에서 비롯된 '우주날씨'라는 현상이 나타날 수 있는 영역과 그 바깥을 가르는 경계선인 셈이다. 물리적으로는 지구와 태양 사이 거리의 약 125배(125AU) 정도의 거리에 위치한다. 해왕성의 위치를 기준으로 했을 때보다 반지름은 4배 정도 더 크고, 공간적으로 태양계보다 수십 배 확장된 영역이다.

## 태양권의 끝, 태양권계면

태양권의 경계에는 도대체 무엇이 있을까? 또 과학자들은 대체 무엇을 근거로 인공위성이 태양권을 탈출했는지, 곧 탈출할 예정인지 정확하게 판단할 수 있을까?

태양권의 구조에 관한 그림에 나타나듯이 태양을 중심으로 태양에서 나오는 거대한 플라스마의 흐름인 태양풍이 닿는 지점까지는 태양권이다. 그리고 태양권과 태양권 바로 바깥의 우주, 즉 성간매질을 구분하는 경계를 태양권계면이라고 한다. 태양에서 나오는 태양풍 플라스마와 태양권 바깥의 성간매질이 만나면서 물리적 성질이 서로 다른 플라스마들이 충격파를 일으킨다. 태양권덮개의 안쪽 경계에 충격파 영역이 생기는데, 이를 말단충격termination shock 지역이라고 부른

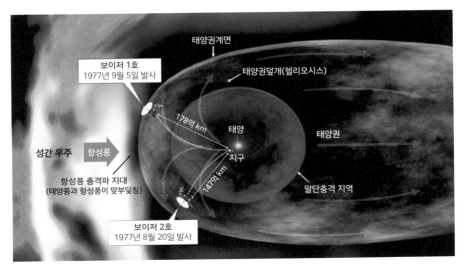

태양권의 구조(NASA)

다. 태양권덮개는 말단충격 지역의 바깥쪽과 태양권계면 사이의 영역을 말한다. 태양권덮개의 위치는 94~121AU로, 태양권계면의 위치는 110~150AU로 추정된다. 보이저 1호는 현재 태양권덮개 지역의 북쪽 지역을 지나고 있고, 거의 태양권계면에 닿아 있는 상태라고 생각된다.

그렇다면 위성이 태양계의 경계를 지나가고 있는지 아닌지는 어떻게 판단할까? 일단 세 가지 조건이 충족되어야 한다. 입자의 변화, 자기장 방향의 변화, 태양풍의 변화다. 입자의 변화란, 에너지가 높은 은하 우주선의 양이 갑자기 증가하고 상대적으로 에너지가 낮은, 태양에서 나오는 입자들의 비율이 감소하는 현상이다. 즉 입자들의 에너지

파커-스파이럴 라인을 따르는 태양의 자기력선(NASA)

분포가 변하는 현상을 통해 위성이 어느 지역을 지나고 있는지 알 수 있다. 또한 태양에서 나오는 입자들의 방향성을 보고도 파악할 수 있다. 태양권 안에서는 태양에서 나오는 태양 자기력선에 의해 입자들이 무질서하게 산란한다. 이렇게 산란한 입자들은 방향성이 없고 무방향으로 관측되는 반면, 태양권 바깥으로 나가는 순간에는 입자 분포가 일정한 방향으로 정렬한다.

두 번째로 자기장 방향의 변화를 보면 태양권계면을 빠져나갔는지 아닌지를 알 수 있다. 태양에서 나오는 자기력선은 파커-스파이럴 Parker Spiral 라인을 따른다. 자전하는 태양 주위로 흘러나오는 태양의 자기력선은 발레리나 스커트 모양 또는 회전하는 호스처럼 나선형과 유사하다고 알려져 있는데, 이것이 파커-스파이럴 라인이다. 이러한 방향성을 따르고 있을 때 태양 자기력선을 측정하면 태양권계면 근처에서 동-서 방향으로 나타난다. 하지만 태양권계면을 벗어나 성간 자기장을 만나면 자기장 방향은 더 이상 동-서 방향이 아니라 남-북 방향으로 급변한다. 이러한 자기장 방향의 변화를 감지하면 위성이 태양권계면을 지나갔다고 해석할 수 있다.

세 번째로 태양풍 관측값으로도 태양권 탈출 여부를 확인할 수 있다. 앞에서 얘기한 것처럼 보이저는 태양풍을 관측할 수 있는 플라스마 관측 탑재체를 싣고 있다. 태양에 근원을 두고 있는 태양풍 입자들이 태양권 바깥 영역에는 더 이상 존재하지 않으므로 태양풍 관측값에서 갑작스럽게 입자의 밀도와 속도가 감소했다면 우주선이 태양권을 벗어났다고 해석할 수 있다.

이 세 가지 조건을 모두 충족하면 과학자들은 우주선이 태양권을 완전히 벗어났다고 판단한다. 보이저 1호는 현재 이 세 가지 조건을 모두 만족했고, 보이저 2호는 자료를 분석하고 있다.

보이저 1호가 최근 보내 온 흥미로운 결과 중 하나는 태양권계면 근방에서 스파크처럼 짧은 간격으로 태양풍 입자들이 없어지는 현상이 관측되었다는 것이다. 이 현상을 자기 고속도로Magnetic Highway라고 한다. 태양에서 나오는 태양 자기력선에 포획되어 있던 입자들이 항성간 자기장을 만나면서 태양권 바깥으로 빠르게, 마치 고속도로를 만난 것처럼 빠져나가는 현상이다.

태양권을 벗어나는 순간 인공위성에는 무슨 일이 생길까? 경계면을 지나는 순간 갑자기 위성이 고장 나는 건 아닐까 생각하는 사람들도 있다. 하지만 태양권을 벗어난 인공위성이 당장 못 쓰게 되는 일은 생기지 않을 것이다. 다만 은하에 기원하는 수 기가전자볼트에 해당하는 높은 에너지의 은하 우주선 입자들이 증가하기 때문에 인공위성의 수명에 영향을 미친다. 인공위성의 본체와 탑재체는 수많은 반도체 부품들로 이루어져 있다. 위성 주변의 고에너지 입자가 지속적으로 증가하면 위성에 실린 탑재체의 성능도 계속 떨어질 것이다.

그렇다면 태양권 바깥에는 무엇이 있을까? 태양권의 경계인 태양권계면을 지나면 그 너머에는 암흑 같은 성간물질만 있을까? 그렇지 않다. 태양권 바로 바깥에는 항성풍interstellar wind이 존재한다. 항성 사이의 공간에 존재하는 플라스마의 흐름인 항성풍은 태양에 근원하는 플라스마의 흐름인 태양풍과 맞부딪히며 뱃머리충격파를 만든다.

또 하나 많은 사람들이 궁금해하는 것이 오르트 구름Oort cloud이 정말 존재하는지 여부다. 오르트 구름은 태양으로부터 5만 AU, 약 1광년 떨어진 곳에 놓여 있을지 모른다는 가설에 따라 제시된 공 모양의 구름 같은 혜성의 집합체다.

1932년 에스토니아의 천문학자 에른스트 오피크Ernst Öpik는 공전 주기가 200년 이상인 장주기 혜성은 태양계 가장자리 궤도에 있는 무

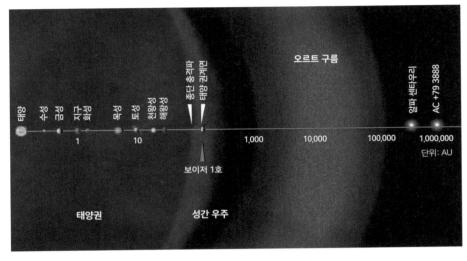

오르트 구름이 있다고 여겨지는 곳(NASA)

리들에서 올 것이라고 생각했다. 이러한 아이디어를 1950년에 네덜란드의 천문학자인 얀 헨드릭 오르트Jan Hendrik Oort가 더욱 구체화했다. 오르트에 따르면 혜성은 크게 두 부류가 있다. 단주기 혜성(또는 타원형 혜성)과 장주기 혜성(또는 등방형 혜성)이다. 단주기 혜성은 10AU 이내의 상대적으로 짧은 타원형 궤도로 운동하며 공전주기는 20년에 서 200년 정도다. 반면 대부분의 장주기 혜성들은 수천 AU 이상의 아주 길고 등방형인 궤도로 운동한다. 오르트는 2만 AU의 원일점을 가진 대부분의 장주기 혜성들의 고향이 태양계 바깥 어딘가에 있을 것으로 생각했고, 그곳은 구형의 등방성 분포를 가진 형태일 것이라고도 제안했다.

이것이 오르트 구름의 기원이다.

오르트 구름이 진짜로 존재한다면 어디쯤에 있을까? 오르트 구름이 있는 그곳까지를 태양권이라고 봐야 할까? 만일 이 오르트 구름이 있는 위치를 태양권의 끝이라고 본다면, 보이저 1호가 태양권의 끝을 보려면 아직도 가야 할 길이 멀다.

# 나가기

우리나라는 2018년 11월 28일 한국형 발사체인 누리호에 사용할 75톤 액체엔진의 시험발사체 성능 비행에 성공했다. 이번 시도로 우리나라는 세계에서 일곱 번째로 우주발사체용 독자 엔진을 보유한 나라가 되었다. 또한 2018년 12월 4일과 5일에는 연달아 차세대 소형 위성 1호와 정지궤도 복합위성 2A호(천리안 2A호)를 성공적으로 쏘아 올렸다. 2018년은 우리나라 우주개발 역사에 매우 중요한 기준점이 될 만한 해였다.

2019년은 인류가 달에 첫발을 내디딘 지 꼭 50년이 되는 해다. 닐 암스트롱이 달착륙선의 사다리를 내려와 인류 최초로 달에 첫발을 내디딘 후 "이것은 한 인간에게는 작은 발걸음이지만, 인류에게는 위대한 도약이다"라고 말했다. 이 말을 증명하듯 이후 50년 동안 인류의 우주탐사 여정은 눈이 부실 정도로 도약했다.

우주를 향한 인류의 위대한 도약으로 평가되는 달 착륙 50주년이 되는 올해는 우주탐사에 대한 우리의 현 상황을 짚어보고 다음 50년을 준비하기에 매우 적절한 시점이다. 우주를 향한 인류의 호기심은 수많은 인공위성을 우주로 올려 보내게 했고, 이제는 우주여행도 그리 먼

미래의 일이 아니다. 본격적으로 눈앞에 다가온 우주시대를 맞이한 지금, 인공위성과 우주선이 나가고 인간이 살게 될 우주의 환경을 제대로 이해하는 일의 중요성은 새삼 강조할 필요가 없다.

이 책을 읽은 독자라면 인류의 삶이 우주환경의 변화, 즉 우주날씨와 밀접하다는 사실을 충분히 이해할 것이다. 우리는 지구에 발을 딛고 사는 지구인이지만, 이미 우주의 날씨와 떼려야 뗄 수 없는 우주인으로 살고 있는 셈이다.

태양 흑점 폭발 때문에 발생할 수 있는 우주재난에 대비해야 한다는 실용적인 측면에서도 우주날씨에 대한 정확한 이해가 필요하다. 또한 태양계의 일원인 지구에 살고 있는 지구인으로서 우리 주변 환경을 이해하고자 하는 순수한 과학적 목적에서도 우주날씨 연구는 매우 중요하다. 우주날씨는 몇 년 앞으로 성큼 다가온 우리나라의 달 탐사와 소행성 탐사, 화성 탐사 등의 심우주 탐사 및 유인 우주탐사를 설계할 때 반드시 고려해야 할 요소다. 고도 10킬로미터에서 일하는 항공기 승무원에게도 치명적인 우주방사선이, 직접 우주로 나간 우리에게 쏟아진다면 얼마나 심각한 문제가 될지 짐작하기란 그리 어렵지 않다.

우주에도 날씨가 있다. 우주날씨를 제대로 알아야, 우주에 나간 우리의 위성을 보호할 수 있고 지구에 살고 있는 지구인도 잘살 수 있다. 지구에서 살아가고 있는 인간이라면 누구나 우주날씨를 공평하게 감당해야 한다.

# 참고자료

국내 단행본

《플라스마의 세계》 고토 켄이치, 전파과학사, 1991

《우주 과학의 제문제》 김상준 외, 민음사, 1998

《우주환경 물리학》 안병호, 시그마프레스, 2000

《태양-지구계 우주환경》 안병호, 시그마프레스, 2009

《태양, 태양계의 어머니》 박영득, 열린어린이, 2010

《극지과학자가 들려주는 오로라 이야기》 안병호·지건화, 지식노마드, 2014

해외 단행본

《Physics of Space plasmas》 George K. Parks, Westview, 2004

《Introduction to Space physics》 Margaret G. Kivelson & Christopher T. Russell, Cambidge
　　University Press, 1995

《Basic Space Plasma Physics》 Wolfgang Baumjohan & Rudolf A Treumann, Imperial College Press,
　　1996

국내 논문

〈과학위성 1호의 우주 플라즈마 관측 시스템〉, 황정아, 이재진, 이대희, 이진근, 김희준, 박재
　　흥, 민경욱, 신영훈, 천문학논총, 2000

〈지자기폭풍의 복귀기간에 대한 통계적인 연구〉, 이대영, 황정아, 민경욱, 이은상, 조경석, 배
　　석희, 우주과학회지, 2001

〈상대론적 전자 이벤트와 자기 폭풍 및 자기 부폭풍 사이의 상관 관계〉, 황정아, 이대영, 이은
　　상, 민경욱, 우주과학회지, 2002

〈지자기부폭풍과 ULF 파동사이의 관계에 관한 이벤트 연구〉, 황정아, 민경욱, 이은상, 이지나,

이대영, 우주과학회지, 2004

〈태양풍 동압력에 의한 지자기꼬리에서 지구방향으로의 물질 흐름에 관한 연구〉 김관혁, 곽영실, 이재진, 황정아, 우주과학회지, 2008

〈고위도 하부 열권 바람의 소용돌이도와 발산 분석: 행성간 자기장(IMF)에 대한 의존도〉 곽영실, 이재진, 안병호, 황정아, 김관혁, 조경석, 우주과학회지, 2008

〈우주 방사능에 의한 실리콘 태양전지의 특성 변화〉 이재진, 곽영실, 황정아, 봉수찬, 조경석, 정성인, 김경희, 최한우, 한영환, 최영운, 성백일, 우주과학회지, 2008

〈2006년 발생한 고속 태양풍과 관련된 정지궤도에서의 상대론적 전자 증가 이벤트〉 이성은, 황정아, 이재진, 조경석, 김관혁, 이유, 우주과학회지, 2009

〈태양 주기 23 기간 동안 태양 고에너지 양성자 이벤트와 코로나 물질방출 사이의 상관 관계〉 황정아, 이재진, 김연한, 조경석, 김록순, 문용재, 박영득, 우주과학회지, 2009

〈지구정지궤도 위성의 오동작 사례를 통해 본 우주환경 영향 분석〉 이재진, 황정아, 봉수찬, 최호성, 조일현, 조경석, 박영득, 우주과학회지, 2009

〈북극항로를 운항하는 국적기에 대한 우주방사선 측정에 관한 연구〉 황정아, 이재진, 조경석, 최호성, 노수련, 조일현, 우주과학회지, 2010

〈북극항로 우주방사선의 안전기준 및 규제 조건에 관한 정책 연구〉 황정아, 이재진, 조경석, 항공진흥, 2010

〈보현산 지자기 측정기를 활용한 중위도 지역의 지자기 변화 연구〉 황정아, 최규철, 이재진, 박영득, 하동훈, 우주과학회지, 2011

〈고려 시대 흑점과 오로라 기록에 보이는 태양 활동 주기〉 양홍진, 박창범, 박명구, 천문학논총, 1998

해외 논문

〈How are storm time injections different from nonstorm time injections?〉 D. Y. Lee, J. A. Hwang, E. S. Lee, K. W. Min, W. Y. Han, U. W. Nam, Journal of Atmospheric and Solar-Terrestrial Physics, 2004

〈A case study to determine the relationship of relativistic electron events to substorm injections and ULF power〉 Junga Hwang, Kyoung Wook Min, Ensang Lee, China Lee, and Dae Young Lee, Geophysical Research Letters, 2004

〈Energy spectra of ~170 – 360 keV electron microbursts measured by the Korean STSAT-1〉 J. J. Lee, G. K. Parks, K. W. Min, H. J. Kim, J. Park, J. Hwang, M. P. McCarthy, E. Lee, K.

S. Ryu, J. T. Lim, E. S. Sim, H. W. Lee, K. I. Kang, and H. Y. Park, Geophysical Research Letters, 2005

〈Relativistic electron dropouts by pitch angle scattering in the geomagnetic tail〉 J. J. Lee, G. K. Parks, K. W. Min, M. P. McCarthy, E. S. Lee, H. J. Kim, J. H. Park, and J. A. Hwang, Annales Geophyscae, 2006

〈Statistical significance of association between whistler−mode chorus enhancements and enhanced convection periods during high−speed streams〉 J. Hwang, D. Lee, L. Lyons, A. Smith, S. Zou, K. D. Min, K. Kim, Y. Moon, and Y. Park, Journal of Geophysical Research, 2007

〈Analysis of the Correlations between the Occurrence of Substorm Injections and Interplanetary Parameters during the Declining Phase of Solar Cycle 23〉 Junga Hwang, Khan−Hyuk Kim, Kyoung−Suk Cho and Young−Deuk Park, Journal of the Korean Physical Society, 2008

〈Solar−wind − magnetosphere coupling, including relativistic electron energization, during high−speed streams〉 L. R. Lyons, D. Y. Lee, H. J. Kim, J. A. Hwang, R. M. Thorne, R. B. Horne, A. J. Smith, Journal of Atmospheric and Solar−Terrestrial Physics, 2009

〈Solar proton events during the solar cycle 23 and their association with CME parameters〉 Junga Hwang, Kyung−Suk Cho, Young−Jae Moon, Rok−Soon Kim, Young−Deuk Park, Acta Astronautica, 2010

〈Non−stormtime injection of energetic particles into the slot−region between Earth's inner and outer electron radiation belts as observed by STSAT−1 and NOAA−POES〉 J. Park, K. W. Min, D. Summers, J. Hwang, H. J. Kim, R. B. Horne, P. Kirsch, K. Yumoto, T. Uozumi, H. Luhr, and J. Green, Geophysical Research Letters, 2010

〈Characteristics of Ground Level Enhancement associated Solar Flare, Coronal Mass Ejection and Solar Energetic Particle〉 Kazi Firoz, Kyung−Suk Cho, Junga Hwang, Phani Kumar, Jaejin Lee, Su−Yeon Oh, Kaushik Subash, Karel Kudela, Milan Rybansk, Lev I. Dorman, Journal of Geophysical Research, 2011

〈On the relationship between ground level enhancement and solar flare〉 K. A. Firoz, Y. J. Moon, K. S. Cho, J. Hwang, Y. D. Park, K. Kudela, and L. I. Dorman, Journal of Geophysical Research, 2011

〈Relationship of ground level enhancements with solar, interplanetary and geophysical parameters〉 K. A. Firoz, J. Hwang, I. Dorotovic, T. Pinter, and Subhash C. Kaushik,

Astrophysics and Space Science, 2011

〈MEASUREMENT OF COSMIC-RAY NEUTRON DOSE ONBOARD A POLAR ROUTE FLIGHT FROM NEW YORK TO SEOUL〉 Hiroshi Yasuda, Jaejin Lee, Kazuaki Yajima, Junga Hwang and Kazuo Sakai, Radiation Protection Dosimetry, 2011

〈FUV spectrum in the polar region during slightly disturbed geomagnetic conditions〉 C. N. Lee, K. W. Min, J.-J. Lee, J. A. Hwang, J. Park, J. Edelstein, and W. Han, Journal of Geophysical Research, 2011

## 참고할 만한 인터넷 사이트

한국천문연구원 우주환경 모니터링 시스템 http://sos.kasi.re.kr

한국천문연구원 http://www.kasi.re.kr

인공위성 연구센터 http://satrec.kaist.ac.kr

보현산천문대 http://boao.kasi.re.kr

한국항공우주연구원 http://www.kari.re.kr

국립전파연구원 우주전파센터 http://rra.go.kr/swc/index.jsp

미국해양대기청NOAA의 우주환경예보센터 www.swpc.noaa.gov

일본 정보통신연구소NICT의 우주날씨정보센터 http://swc.nict.go.jp/contents/index_e.php

미국 우주날씨예보뉴스 http://www.spaceweather.com

우주환경회사 (주)에스이랩 http://www.selab.co.kr

일본 나고야대학교 우주환경 분과 http://www.stelab.nagoya-u.ac.jp/ste-www1/index.html

우주환경 관측위성 자료 http://cdaweb.gsfc.nasa.gov

고해상도의 태양 관측 위성 SDO 영상 자료 http://sdo.gsfc.nasa.gov/data

다양한 파장대의 태양 사진 실시간 자료 http://www.solarmonitor.org

미국지구물리학회 http://www.agu.org

한국우주과학회 http://ksss.or.kr

한국천문학회 http://www.kas.org

한국물리학회 http://www.kps.or.kr/home/kor

카이스트 우주과학실험실 http://space.kaist.ac.kr

경희대학교 우주과학과 http://space.khu.ac.kr/html

경북대학교 천문대기과학과 http://hanl.knu.ac.kr/xe/index.php

충남대학교 천문우주학과 http://astro1.cnu.ac.kr

충북대학교 천문우주학과 http://ast.chungbuk.ac.kr

NASA Goddard Space Flight Center http://www.nasa.gov/centers/goddard/home/index.html

본문에 등장한 주요 기관/단체의 홈페이지

일식 탐험단 http://www.eclipsechaser.com

SDO https://sdo.gsfc.nasa.gov

태양관측위성 SDO로 관측한 다양한 파장 대역의 태양 영상 http://sdo.kasi.re.kr/data_browse.
aspx

한국천문연구원 태양플레어망원경 http://kswrc.kasi.re.kr/ko/about/facilities/soft

한국천문연구원 흑점망원경 http://kswrc.kasi.re.kr/ko/about/facilities/ksst

한국천문연구원 분광망원경 http://kswrc.kasi.re.kr/ko/about/facilities/ksis

벨기에 국제 태양 흑점 수 http://www.sidc.be/silso/datafiles

미국 해양대기청 태양 흑점 수 https://www.ngdc.noaa.gov/stp/solar/ssndata.html

나사에서 측정한 태양 표면의 흑점 개수의 11년 주기성 연구 https://solarscience.msfc.nasa.
gov/SunspotCycle.shtml

우주환경예보센터 https://www.swpc.noaa.gov

우주환경정보센터 http://swc-legacy.nict.go.jp/forecast/index_e.php

우주날씨 서비스센터 http://www.sws.bom.gov.au/Space_Weather

우주날씨 서비스 네트워크 http://swe.ssa.esa.int

국제 우주환경 서비스기구 http://www.spaceweather.org

1U 크기의 큐브샛 https://karcfm.hu/archiv/van-mit-unnepelni-az-urhajozas-vilagnapjan-
spajz-2018-04-12

QB50 프로젝트 https://www.qb50.eu

도브 위성 시리즈 https://www.planet.com

우주날씨 워크숍 https://www.swpc.noaa.gov/news/2018-space-weather-workshop-
registration-open

나이라스 http://sol.spaceenvironment.net/nairas

CARI-6 혹은 CARI-6M 프로그램 https://www.faa.gov/data_research/research/med_
humanfacs/aeromedical/radiobiology/cari6

끊임없이 태양풍이 쏟아지고
날마다 우주방사선이 날아드는
지구 바깥

# 우주날씨 이야기

1판 1쇄 발행 | 2019년 8월 6일
1판 2쇄 발행 | 2019년 11월 7일
1판 3쇄 발행 | 2020년 8월 6일
1판 4쇄 발행 | 2021년 5월 25일

지은이 | 황정아
펴낸이 | 박남주
펴낸곳 | 플루토

출판등록 | 2014년 9월 11일 제2014 - 61호
주소 | 04083 서울특별시 마포구 성지5길 5 - 15 벤처빌딩 510호
전화 | 070 - 4234 - 5134
팩스 | 0303 - 3441 - 5134
전자우편 | theplutobooker@gmail.com

ISBN 979 - 11 - 88569 - 11 - 3  03440

* 책값은 뒤표지에 있습니다.
* 잘못된 책은 구입하신 곳에서 교환해드립니다.
* 이 책 내용의 전부 또는 일부를 재사용하려면 반드시 저작권자와 플루토 양측의 동의를 받아야 합니다.
* 이 책에 실린 사진 중 저작권자를 찾지 못하여 허락을 받지 못한 사진에 대해서는 저작권자가 확인되는
  대로 통상의 기준에 따라 사용료를 지불하도록 하겠습니다.

이 도서의 국립중앙도서관 출판시도서목록(CIP)은
서지정보유통지원시스템 홈페이지(http://seoji.nl.go.kr)와
국가자료공동목록시스템(http://www.nl.go.kr/kolisnet)에서 이용하실 수 있습니다.
(CIP제어번호: CIP 2019026862)